KB039962

사춘기 아들의 마음을 잡아주는

부모의 말 공부

사춘기 아들의 마음을 잡아주는

부모의 말 공부

이은경 지음

포레스트북스

이 녀석들, 진짜 왜 이러는 거예요?

"이 녀석들이 진짜 나한테 왜 이러는 거야? 전생에 원수였을까? 나는 사춘기 때 이렇게까지 막 나가지 않았었는데, 요즘 애들은 다 이런 건가? 이걸 언제까지 참아줘야 하는 거야? 나도 참는 데 한계가 있다고. 아, 진짜 열 받네."

위의 말은 연년생 두 아들의 엄마인 제가 아들들이 중학교 1학년, 2학년이던 작년 한 해 동안 방문을 꼭 닫고 나서 자주 쏟아냈던 혼잣말입니다. 나란히 기저귀를 차고 뒹굴던 연년생 형제 아니랄까 봐, 두 녀석의 사춘기 호르몬은 경쟁하듯 거의 동시에 쏟아져 나왔습니다.

그들이 밤낮으로 쏟아낸 호르몬의 바다에 빠져 허우적대던 저는 급한 마음에 일단 책을 찾아보기 시작했습니다. 그렇게라도 하면 좀 나아질까 하는 바람으로요. 저와 같은 새내기 사춘기 자녀의 부모가 한둘이 아니었나 봅니다. 관련한 책이 무수히 많더군요. 책을 발견할 때마다 닥치는 대로 읽기 시작했습니다. 저는 뭐든 일단 책으로 시작하는 습관이 있답니다. 중학생 아들들의 사춘기라는 난관 역시 그런 식으로 해결해보고 싶었습니다. 사춘기 이 녀석들이 왜 이러는지는 여러 책에 소개되어 있었기에 사춘기의 호르몬 변화가 아이에게 미치는 영향에 관해 명확하게 알 수 있었습니다.

하지만 여러 권의 책을 밑줄 치며 읽어도 여전히 해결되지 않는 부분이 있었습니다. 왜 저러는지 알겠고, 뭐 때문에 힘든지도 알겠고, 그럴 땐 어떤 태도를 보여야 하는지도 글로 배워뒀는데, 막상 세상에서 가장 피곤한 표정으로 자기 할 말만 툭 던지고 방으로 들어가 문을 닫아 버리는 아들들 앞에선 어찌할 바를 모르겠더군요. 오히려 제가 길 잃은 아이가 되었습니다. 길을 잃었으니 울고 싶어졌습니다. 제 입장에서만 보자면 말도 안 되게 느껴지는 어이없는 사춘기 특유의 멘트에 뭐라고 답을 해야 할지 말문이 턱 막힐 때가 많았습니다. 아이가 분명 듣기 싫어할 소리를 굳이 꺼내서 말해야 할지, 이번 한 번만 내가 참고 넘어가 주어야 할지 우물쭈물하기 일쑤였고, 그러는 사이 아들 방의 문은 닫혔습니다. 아들의 얼굴을 다시 보려면 저녁밥의 도움이 필요했습니다. 초등교사의 오랜 경력을 자랑하고, 자녀와의 소통을 매일같이 강조하는 사람인 제게도 이것은 분명 높고 처음 보는 허들이었습니다.

그런 제게 필요한 건 사춘기 호르몬의 정확한 명칭과 호르몬의 분비로 인한 전두엽의 변화만이 아니라 지금 이 난감한 상황에서 사춘기 녀석들에게 어떤 말을, 어떤 표정으로 건네야 할지에 관한 힌트였답니다. 그걸 알려주는 마땅한 책은 없더라고요. 저처럼 길 잃고 울고 싶은 부모에게 필요하겠구나, 하는 확신이 들었습니다.

후회가 밀려올만큼 아들과의 대화를 망친 날, 혹은 나름 괜찮았다고 자부하는 대화를 나눴던 날의 저녁이면 그날의 대화를 복기하며 하나씩 원고로 옮겼습니다. 숱한 시행착오와 이불을 걷어차는 아쉬움의 시간을 차곡차곡 기록하던 초보 엄마인 저는 이 시간을 쌓아가면서 차츰 같은 실수를 반복하지 않게 되었습니다.

이 책에 나오는 37가지의 대화법은 사춘기 아들이라면 한 번쯤 내뱉는 대표적이고도 보편적인 말입니다. 물론 이 책에 등장하는 사례와 완전히 다른 성향의 사춘기 아들도 있겠지요. 읽다보면 어떤 부분은 너무 비슷해 놀라기도 하겠지만, 또 어떤 부분에서는 너무도 다른 반응을 보게 될 수도 있답니다. 그래서 읽으면서는 '우리 아들은 안 그런데?'라고 실망하며 당장 책을 덮고 싶을 수도 있어요. 아이마다 다르고, 가정 분위기마다 다르고, 부모마다 다르니 당연한 결과입니다.

그럼에도 이 책을 끝까지 읽고, 자주 꺼내어 보면서 우리 가족만의 사춘기 대화법으로 발전시켜나가길 조심스레 제안해봅니다. 보편화될 수 없는 다양한 사례를 한 권의 책으로 엮은 것은 이 책에 등장하는 제 사례를 토대로 비슷한 상황에서 자신만의 솔루션을 찾고자 하는 사춘기 아들의 부모에게 힌트가 되기를 바라기 때문입니다. 제가 제안하는 대화법의 힌트를 바탕으로 '우리 아들과 나만의 대화법'을 하나씩 정리해가는 데 도움이 되길 바랍니다.

사춘기 이후, 아들과 부모와의 관계는 완전히 다시 시작됩니다. 그만큼 지금의 이 시기는 아이에게도 부모에게도 가장 중요한 시기일 수 밖에 없습니다. 눈빛, 말투, 행동, 성적, 친구 관계 등 모든 것이 서서히 혹은 매우 빠르게 달라져 가는 아들을 보며 마냥 불안했다면 이 책의 도움이 필요하리라 생각합니다.

아들의 말에 어떻게 대답하고 반응해야 할지 몰라 꽤씸하고 서운하고 불안한 마음에 버럭 화를 내버렸거나, 우물쭈물 망설이다 아무 말도 하지 못하고 분했던 밤이면 이 책의 대화법 중 비슷한 사례를 찾아보면서 같은 실수를 반복하지 않도록 연습해보길 바랍니다.

처음부터 완벽한 부모가 어디 있나요, 지금부터 조금만 더 잘하면 되는 거 아니겠어요?

사춘기 연년생 두 아들 엄마, 이은경

3장 멀티미디어 사용 습관

4장 부모와의 관계

1부

아들의 사춘기,
이렇게 이해하세요

육아라는 이름으로 시작한 아들과의 여정이
‘사춘기’라는 마냥 반갑지만은 않은 이름으로
다가왔습니다.

이 시기에는 그 어떤 시기보다 아이를 온전히 믿고
지지하는 성숙하고 따뜻한 어른이 필요합니다.
판단하고 평가하고 간섭하고 경고하는 어른 말고,
믿어주고 지지해주고 기다려주는 어른 말이죠. 부모인
우리가 그런 어른이 되어줄 때입니다. 그 힘들다는
아들 육아도 잘 해낸 우리니까 분명 사춘기 아들에게
필요한 어른이 되어줄 수 있을 겁니다.

사춘기의 아들은 부모와의 결별을 선언합니다. 말로
표현하지 않지만 몸으로 마음으로 이미 크게 외치고
있어요. 의존적이고 어리기만 한 ‘남자아이’라는
꼬리표를 벗어던지려고 무던히도 애쓰면서, 어떻게
해서든 스스로 선택하고 결정하려고 해요. 혼자의
힘으로도 충분히 해낼 수 있는 존재임을 과시하고
싶기 때문이죠. 아이가 소년이 되고, 남자가 되는
자연스러운 단계랍니다.

이 시기 없이 어른이 되는 아이는 없습니다.

아들이 변해가는 만큼, 부모도 달라져야 합니다. 어떤
희생이 따르더라도 소중한 내 아들에게 꽃길만 걷게
해주고 싶은 부모의 마음은 이제 아들에게 부담으로
다가가기 시작해요. 사춘기 아들과의 건강한 관계를
위해 부모는 지금까지의 '해결사' 역할을 내려놓는
연습을 해야 합니다.
아들 스스로 헤쳐나갈 수 있도록 인내심과 따뜻함으로
똘똘 뭉쳐 기다려주고 격려하는 어른이 되어야
합니다. 성큼성큼 달라지는 아들만큼 부모도 큰
걸음으로 가야 합니다. 그러다 보면 이 단계에서 서로
간의 갈등은 당연한 일이에요. 갈등을 기본값으로
받아들이고, 부모의 역할을 재정비하는 현명함이
필요합니다.
영화평론가 이동진 씨는 "정말 좋은 관계는 서로
느슨한 호의로 이어진, 제각각 독립된 개인의
관계"라고 했습니다. 저는 이 말이 사춘기 아들과
부모의 관계에도 꼭 필요하다고 생각합니다.

• 1장 •

사춘기는
이런 것

> 자아중심성, 감성적, 충동적, 비논리적,
> 감정 조절 능력 약화, 기억력 저하, 장기 계획성과 문제
> 해결 능력의 약화, 결과 예측 불가, 인정 욕구 강화

　슬픈 예감은 틀리지 않아요. 맞습니다, 위에 적힌 단어들은 사춘기 아들이 갖게 될 대표적인 특징입니다. 오 마이 갓, 내 아들이 이렇게 될 거라고요? 그럴 리 없어요. 오동통통 보송보송 우당탕탕 씩씩하던 내 아이가 저런 사람이 될 거라니, 이걸 어떻게 받아들여야 할까요? 혹시 위의 특징들은 내 아들이 얼마나 사랑스러운지도 모르면서 하는 소리 아닐까요? 내 아이는 그럴 리가 없단 말이죠.

안타깝지만 예외는 없습니다. 그래도 뭐, 살짝 안심입니다. 내 아들만 겪을 일이 아니라 사춘기 아들들의 공통적인 특징이라니 말이죠. 다들 그런다고 하니 일단 가라앉히고, 하나씩 찬찬히 들여다보겠습니다.

그런데 정말 기가 막힙니다. 자아 중심적이고, 감성적이고, 충동적이고, 논리적이지 못하고, 감정 조절 능력이 약해지는 것도 모자라 멀쩡하던 기억력이 저하되고, 장기 계획성과 문제 해결 능력이 약화한다니요. 결과를 예측하지 못하게 되는 것도 기가 막히는데, 그 와중에 인정 욕구는 왜 강화되는 겁니까?

아무리 그래도 내 아들은 좀 다르지 않을까 하는 기대를 품어봅니다. 다들 그런다고 해도 내 아이는 안 그랬으면 좋겠고, 내 아들은 안 그럴 것 같은 마음이 들죠?

저도 그랬답니다. 제 아들의 사춘기는 다를 줄 알았어요. 얘가 얼마나 순하고 착하고 사랑스러운 아들이었게요. 세계 최고였다고요. 하지만 이 모든 기대는 아들 바보 엄마의 심각한 착각이었다는 사실을 늦었지만 조용히 인정해봅니다. 전문가들이 경고했던 한심하기 짝이 없는 사춘기의 특성은 하나도 빠짐없이 멀쩡하던 내 아들의 일상이 되었습니다.

처음에는 한두 가지씩 툭툭 등장해 '쟤가 갑자기 왜 저럴까?' 고개를 갸우뚱하게 만들더니, 급기야 모든 증상이 라면물 넘치듯 한 번에 터져 부모의 속을 뒤집고야 말았습니다. 하루에도 열두 번 감정의 롤러코스터를 타고 별거 아닌 일에 언성을 높이는 아들, 감정 기복이 심한 자신을 보며 '다중인격이 아닐까'라며 혼란스러워 하는 아들, 세상 사람들이 저만 지켜보는 것 같다며 주변을 의식하느라 바쁜 아들, 친구랑 함께하는 걸 가장 신나고 재미있어 하면서 부모와의 시간은 지루해 죽으려고 하는 아이의 모습은 이해하기 어렵고 속도 상하고 서운하기도 합니다.

우리 아들이 요즘 이런 모습이라면 아들은 매우 잘 크고 있는 게 맞습니다. 축하합니다, 백 퍼센트 진심입니다.

사춘기 아들을 위해 이제부터는 부모가 달라져야 합니다. "내가 알아서 할게", "나 지금 바빠"라고 얘기하고는 자신의 방으로 들어가 방문을 닫는 아들을 상대할 넉넉한 마음을 준비해야 합니다. 갑자기 달라진 아이를 보며 과한 불안감에 사로잡히지 않기 위해 미리 알아두면 좋습니다. 10년이 넘는 시간 동안 아들만 바라보고 달려온 것에서부터 오는 배신감, 소외감, 일상의 변화가 두려운 부모는 사춘기 이전의 상황과 모습으로 되돌리려고 애를 쓸 거예요. 그때를 그리워하며 그 시절의 모습을 아들에게 요구하는 거죠.

하지만 참아야만 합니다. 아들 옆에 가까이 앉아 자꾸 확인하고 더 친밀해지고 싶은 마음을 참아야 해요. 자기만의 공간에서 자기만의 시간을 가지려고 애쓰는 아이를 응원하고 그 모습을 격려해주어야 합니다. 사춘기는 어른의 보호 아래 지냈던 철부지 아들이 한 사람의 '개인'이 되기 위해 도약하는 결정적인 시간이기 때문입니다. 부모가 적당한 거리를 유지하는 만큼 아들은 '나의 꿈을 좇는 한 사람의 개인'이 되어갈 겁니다. 이 사실을 인정하고 아이를 바라본다면 부모 안에 소용돌이치는 불안이 얼마나 무의미한 것인지 깨닫게 될 것입니다.

사춘기를 지나는 아들은 매일 달라질 거예요. 이전이 옳고, 지금은 그른 게 아니라 몸도 마음도 성장하기 때문에 다르게 행동하고 말하는 겁니다. 이 시기의 부모에게는 근사한 무기가 있습니다. 지난 10년이 넘는 기간 동안 아이와 지지고 볶고 3,650일이 넘는 많은 밤과 낮을 쌓아 올린

'시간'이 바로 그것입니다. 부모가 그 긴 시간 동안 얼마나 아이에게 집중하고 몰입하며 그의 관심사를 들여다봤느냐에 따라 사춘기 아들의 모습에 좀 더 빠르게 대처할 수 있습니다. 아무리 돌아봐도 최고의 부모는 되어주지 못했던 것 같고, 조금 더 잘 키울 수 있었을 거라는 아쉬움이 남겠지만 괜찮습니다.

아들과 충분히 지지고 볶아왔다면 그 긴 시간은 사춘기 내내 부모의 필살기가 되어줄 것입니다. 그 긴 시간 덕분에 내 아들에 관해 세상 그 누구보다 잘 알고 이해해줄 수 있는 유일한 어른이라는 사실을 자랑스럽게 생각하세요. 칭찬합니다. 이것 역시 백 퍼센트 진심입니다.

• 2장 •

단계별
사춘기 증상

초등 중학년부터 눈빛과 말투가 달라지기 시작하는 아이를 보며 '얘가 이제 사춘기인가' 생각이 들었습니다. 그런데 중학교를 졸업할 때까지도 끝이 나지 않았습니다. 부모인 우리 세대에 비해 요즘의 사춘기는 시작은 빨라졌고 기간은 늘어났습니다. 그래서 사춘기 전체를 하나의 큰 덩어리로 생각하기보다는 단계로 구분하기를 추천하고 싶습니다. 큰 고민은 잘게 쪼개라는 명언이 있거든요. 자, 사춘기라는 부모의 거대한 고민을 나누어 생각해볼까요!

초기 - 벌써 사춘기라고?

드디어 시작입니다. 사춘기가 늦게 시작되는 아들은 6학년, 중학교 1학년 정도에 초기를 맞기도 합니다. 이전에 비해 말투가 퉁명스럽고 건방져 지며 대답을 잘하지 않습니다. 대답만 하고 행동으로 옮기지 않는 일이 빈번해 부모가 큰소리를 내야 말을 듣습니다. 스마트폰은 물론 게임이나 영상매체에 빠르게 빠져듭니다. 딴짓하고 집중력이 약해 스스로 무엇을 해야 하는지 모를 때가 많습니다. 숙제보다는 놀기를 먼저 하려고 하고 학원에 빠질 궁리를 종종 합니다. 새벽같이 일어나 나를 깨우던 아이는 온데간데없고 호르몬의 변화로 아침에 잘 일어나지 못하고 점점 더 늦게 자려고 꾀를 부립니다. 아들의 방과 책상의 상태도 점점 더 엉망이 되기 시작합니다.

사실 초기인 이 시기는 '내 아이가 사춘기가 시작된 건가, 아닌가? 벌써 사춘기가 왔다고?'라며 긴가민가한 마음이 든답니다. 사춘기라고 규정짓기에는 아직 달라진 모습을 크게 발견하기 어렵기 때문에 잘 모르고 지나치기 쉽습니다. 또한 아직 초등학생이라는 위치 덕에 부모의 눈에는 귀엽게 보여서 넘어가는 일이 꽤 많다고 할 수 있어요.

중기 - 빼도 박도 못하고 그냥 사춘기

절정입니다. 네, 맞습니다. 부모를 미치게 하는 시기, 북한에서 남한에 쳐들어오지 못하게 막아주는 세상에서 가장 무서운 중2병 증상이 제대로 등장하는 시기입니다. 빠르면 중학교 1학년에서 늦어도 2학년입니다. (간혹 중학교 3학년에 중기를 겪는 아들도 있긴 합니다.) 이 시기의 아들 모습은 긴가민가하지 않아요. 어쩔 수 없이 본인도 사춘기임을 인정하게 되고, 주변의 누가 봐도 대놓고 사춘기입니다. 간혹 아이의 성장이 빠른 편이었거나 사춘기가 일찍 시작된 경우에는 초기임에도 중기라고 착각하기도 합니다. 그런데 '진짜 사춘기'인 중기를 겪어보면 실은 그때가 초기였음을 깨닫고 그 시기를 그리워하는 슬픈 일도 생길 거랍니다.

아들은 매사에 불평불만이고, 좀처럼 웃지 않으며, 방에 들어가 몇 시간이고 혼자 시간을 보낼 겁니다. 그 착한 아이가 말대꾸하고 소리를 버럭 지르기도 합니다. 자주 짜증 내고 감정 조절이 안 되고, 말도 안 되는 고집을 부리면서 자기 말이 무조건 맞다고 우기기도 합니다. 충동 조절, 감정 조절이 안 되어 화가 나면 방문을 쾅 닫거나 문을 잠그고 부모의 인내심을 테스트하듯 버릇없는 태도를 보이며 빈정거리기도 합니다.

"귀찮아", "안 해", "싫어", "내가 알아서 할게", "어쩌라고", "나중에"라는 식의 말을 입에 달고 살며 한숨을 자주 쉽니다. 할 일을 하지 않고 미루고 게을러 지며 뭐든 느릿느릿 억지로 하는 경우가 많습니다. 시간 개념이 없으며 중독 수준으로 스마트폰을 사용하는데, 영상은 물론 게임과 SNS, 웹툰에 빠집니다. 또래 사이에서 마음을 붙이지 못하고 방황하는 모습을 종종 보이기도 하며 '나는 누구인가?'에 대한 고민을 수없이 반복합니다.

외모에 지나치게 관심을 가지며 심하게 자주 거울을 보거나 반대로 머리도 제대로 감지 않고 등교할 정도로 지저분하게 몸을 방치하기도 합니다. 주변의 말이나 감정에 민감하게 반응하며 하루에도 열두 번씩 감정이 변하는 모습은 일상이 됩니다. 세상에서 제일 행복했다가 갑자기 짜증난다는 말을 뱉어내는 게 이상하지 않은 시기지요.

이럴 때 어느 장단에 맞춰야 할지 부모는 매우 난감합니다만, 이 시기 아들의 행동은 부모를 괴롭히기 위해서가 아님을 알아줘야 합니다. 아이 자신도 파도 같은 감정을 이해하기 어렵습니다. 갑자기 찾아온 이 낯선 감정을 어떻게 해석해야 할지 어떻게 받아들여야 할지 모르기 때문에 아들 특유의 단순한 표현을 사용해 "짜증 나 죽겠다", "망했어"라고 얘기하는 것이랍니다.

후기 – 후유, 이제 좀 지나갔나?

중학교 3학년부터 고등 1학년 시기인 15세부터 17세가 후기에 속합니다. 여전히 감정 조절에 있어 불안정한 모습을 보일 때도 많지만, 자신에 대한 고민이 어느 정도 정리되며 '난 이런 사람이야', '나는 이런 사람이 되고 싶어'라는 생각을 깊이 있게 하기 시작합니다. 사춘기 중기에 폭포수처럼 넘쳐났던 부정적인 정서를 어느 정도 통제할 수 있게 되고 계획과 문제 해결 능력이 서서히 올라가기 시작합니다.

자신의 감정에만 집중하는 게 아니라 타인의 감정이나 생각도 인정할 수 있는 자세를 갖추기 시작합니다. 이전보다 주의 집중을 하고 몰입하는 수준이 높아집니다. 자기 감정을 해석하는 데 노련해지며 표현하는 능력이 세련되어집니다. 이제 조금씩 말이 통하는 느낌, 부모의 말을 듣는 느낌이 들면서 한숨 돌릴 수 있는 시기입니다.

고생하셨습니다! 사춘기 초기·중기를 어떻게 보냈느냐에 따라 사춘기 후기 아들의 태도는 눈에 띄게 달라집니다. 갈등과 위기 속에서 이룬 성취를 통해 자신의 것으로 만들고 분명한 내적 동기를 완성할 것이기 때문입니다. 시행착오를 통해 의문을 가지고 갈등에 머물며 온전한 '나'를 찾는 과정은 사춘기 후기에서 맞보게 될 달콤한 선물이고 열매입니다.

아이마다 사춘기의 각 시기가 차이날 수 있어요. 또 각 시기에 머무는 기간마저도 아이마다 다르다는 것만 기억하세요. "옆집 아이는 사춘기가 다 지나갔대"처럼 속도에 관한 단순 비교는 아무 도움이 되지 않아요. 내 아들은, 내 아이입니다. 이 아이만의 고유한 속도로 사춘기라는 큰 바다를 건너게 될 거라는 기대와 응원이면 충분합니다.

· 3장 ·
사춘기 덕분에
아들이 갖게 될
10가지 힘

아들의 '사춘기'는 관계에 있어서 부모와 멀어지거나, 부모의 속을 뒤집어 놓아 고통스러운 시간을 보낸다는 뜻이 있지 않아요. 마냥 해맑고 단순하고 귀여웠던 아들이 전에 없던 새로운 힘을 갖게 되는 진심으로 감사한 시간입니다. 산에 오를 때는 '도대체 정상이 어딜까?', '이렇게까지 힘들게 오른들 무엇을 얻게 될까?', '결국 정상에는 무엇이 있을까?', '다시 내려가려면 그것도 만만치는 않겠네' 하는 별별 생각이 다 듭니다. 힘든 건 사실이지만 평탄하고 푹신한 길을 걸을 때 기를 수 없었던 허벅지 뒤쪽의 근육과 폐활

량도 성장하는 것처럼, 불안정하고 혼란스러운 사춘기를 보낸 아이에게는 그만큼 특별한 힘이 생긴답니다.

사춘기 이후의 아들은 자신의 삶을 위한 10가지의 무기를 장착하게 될 거예요. 사춘기를 통해 아들이 갖게 될 깊고 단단한 10가지 힘을 소개합니다. 단단하고 날카로운 무기가 있으면 얼마나 든든한지 잘 알 거라 믿습니다.

---

1. 자아 존중감
자기 자신이 가치 있고 소중하며, 유능하고
긍정적인 존재라고 믿는 마음

사춘기를 지난 아들은 자신의 모습에 관한 커다란 그림을 그리게 됩니다. 어떤 사춘기를 보냈느냐에 따라 그 그림은 밝고 환하기도 하고, 때로 어떤 아이의 그림은 어둡고 작습니다. 실제로 다른 사람이 보는 나 자신의 모습보다 중요한 것은 내가 나를 어떻게 바라보느냐인데, 그 모습이 결정되는 시기가 사춘기랍니다.

사춘기의 여러 굴곡 가운데 주변의 어른들로부터 충분히 공감받고 지지를 받았던 경험은 아들의 자아 존중감을 키워줄 거예요. 이때 형성된 자아 존중감은 인생 전반에 걸친 무기가 되며, 아들이 학업, 취업, 결혼 등의 생애 주기에서 어려움을 겪을 때, 그 어려움을 스스로 이겨낼 수 있는 자신에 관한 단단한 믿음과 용기를 선물할 것입니다.

어떻게 하면 자아 존중감을 더 키워줄 수 있을까 너무 고민하고 걱정하지는 마세요. 우리 아들들은 기본적으로 자아 존중감이 상당히 높은 편이고요, 여간해서는 잘 꺾이지도 않습니다. 사랑하는 부모와 함께 따뜻한 가정 안에서 평범하게 성장한 대부분의 아들은 사춘기를 지나는 것만으로도 제법 괜찮은 자아 존중감을 가진 어른으로 성장하게 될 가능성이 매우 높습니다. 부모인 우리의 존재가 곧 아들의 자존감입니다.

> ## 2. 자기 주도성
> 개인이 스스로 행동에 대한 욕구를 가지고 목표를 설정하며 이를 달성하기 위해 자신이 주체적 인간이 되는 것

부모인 우리에게는 표현을 선택할 자유가 있습니다, 사

춘기에 접어든 아들의 행동을 보면서 '제멋대로 굴기 시작한다'라고 해도 되고요. '자기 주도성을 갖기 시작했다'라고 할 수도 있습니다. 부모가 아이를 어떻게 바라보느냐에 따라 어느 집 아이는 제멋대로 구는 중이고요, 어느 집 아이는 자기 주도성을 갖기 시작하고 있어요. 당신의 아들은 지금, 어느 집에 살고 있나요?

"내가 알아서 할게"라는 불만 섞인 툴툴거림으로 시작된 사춘기의 첫 느낌, 기억하나요? '드디어 올 것이 왔구나' 하는 느낌과 함께 비장한 마음가짐으로 지냈던 날들이었죠. 그런데 지금 생각해보면 그때는 정말 아무것도 아니었다고 느껴질 거예요. 본격적인 사춘기에 비하면 그때는 정말 귀여웠구나 싶을 거고요. "알아서 할 거야"라고 몇 년을 외치면서도 정작 아무것도 알아서 하지 않는 시기를 지나, 중학생의 사춘기는 '스스로 계획하고 행동하기 시작했다'라는 점을 분명히 느끼게 됩니다.

어떤 아이는 공부에서 자기 주도성을 발휘하지만, 대중교통은 절대 혼자 이용하지 못하고요, 어떤 아이는 공부는 시켜야 간신히 하지만 친구들을 이끌고 함께 영화를 보고 피시방에 들렀다가 떡볶이를 먹고 해산하는 전 과정을 자기 주도적으로 해냅니다. 그 영역이 오직 공부이길 기대하는 건 부모랍니다. 아들은 타고난 성향에 따라 제각각의 모습을 보일 거예요.

---

3. 자기 조절력

스스로 의도와 목표, 자기 개념을 행동으로 드러나게 실행에 옮기며, 자신의 행동을 수정하거나 외부를 변화시켜 자기 개념과 개인적 목표에 맞는 결과를 만드는 과정

하고 싶은 것만 하려고 했고, 하기 싫은 건 어떻게든 안 하려고 했던 시기가 사춘기 이전이었다면, 사춘기 내내 '스스로 조절해야만 유리해지는 상황'을 만나게 됩니다. 사춘기 이전의 시기가 타고난 본성에 충실했다면 사춘기의 여러 경험을 통해 본성을 누르는 이성을 경험하고, 그것들이 점점 더 내재화합니다.

예를 들면 이런 거예요. 초등학생의 아들은 게임을 하고 싶을 거예요. 당연하죠. 이 시기에는 게임을 하고 싶다고 생각하는 것과 거의 동시에 엄마의 행동을 살핍니다. 게임을 해도 될지 말지를, 엄마에게 허락 받아야 하는지, 엄마

의 눈을 피해 몰래 해도 되는지를 확인하지요.

사춘기의 아들도 게임을 하고 싶어 해요. 역시나 당연한 모습이에요. 하지만 이 시기에는 게임을 하고 싶다고 생각할 때 엄마를 의식하지 않아요. 엄마가 하란다고 하고, 하지 말란다고 안 하는 시기가 아니거든요. 게임을 하고 싶으니까 게임을 할지, 게임을 하고 싶지만 먼저 하기로 했던 공부 혹은 숙제를 하고 나서 할지를 스스로 조절하며 결정하는 시기에요. 게임을 하고 싶다고 해서 게임 먼저 하고 난 뒤의 후폭풍을 다양하게 경험해본 아이는 그 경험에 근거하여 이후의 행동을 조절하고 다른 결정을 내리기도 하면서 점점 더 멋진 모습으로 성장하게 됩니다.

> ## 4. 자기 효능감
> **특정한 상황에서 자신이 적절한 행동을 함으로써**
> **문제를 해결할 수 있다고 믿는 신념 또는 기대감**

아이 스스로 자신을 '쓸모 있는 사람'이라고 느끼고 믿는 감정을 자기 효능감이라고 해요. 초등학생 때 이 감정을 충분히 느낄 수 없었던 이유는 혼자 시작하고 마무리할 수 있는 일이 많지 않았기 때문이에요. 늘 어른의 도움이 필요했기 때문에 나는 쓸모 있는 사람, 유용한 사람이라고 느낄 기회가 거의 없었죠.

사춘기는 자기 효능감을 키워갈 절호의 기회지요. 이제 어른과 함께 다니지 않고요, 어른에게 배우지만 성적과 숙제에 관한 책임은 본인이 책임져야 해요. 시작부터 마무리까지 오롯이 책임져야 하는 일이 늘어나고, 함께 하기보다 혼자서 고민하며 방법을 찾아가는 일이 부쩍 늘어나요. 힘들겠죠. 머리 아프겠죠. 하지만 이 과정을 오롯이 스스로 힘으로 해본 아이들은 결국 자신을 매우 '쓸모 있는 사람'으로 규정하기에 이른답니다.

스스로 쓸모 있는 사람으로 여겨지면 아들은 해야 할 일을 처음부터 끝까지 책임감 있게 마무리할 수 있는 사람으로 성장할 거예요.

5. 회복탄력성
크고 작은 다양한 역경, 시련과 실패를 도약의 발판으로 삼아 더 높이 뛰어 오르는 마음의 근력

회복탄력성을 위한 필수 요소는 '실패'와 '시련'입니다. 초등학생 시기에 회복탄력성을 기르기 어려웠던 이유는 부모와 교사의 도움과 개입으로 이렇다 할 시련과 실패를 별로 경험한 적이 없기 때문이에요.

사춘기는 회복탄력성을 기를 수 있는 적기입니다. 혼자 해보겠다고 고집을 부리다가 끝내 실패하고, 그에 따른 시련을 필연적으로 경험하는 시기이기 때문이에요. 성공의 반대말은 실패가 아니라 경험이라는 말이 있습니다. 아이는 지금 연거푸 실패하는 시련을 겪는 중이 아니라, 계속되는 경험을 쌓으며 단단해지는 중이라고 바라봐야 합니다.

이러한 경험을 통해 아들은 더 단단해질 거예요. 더 높이 뛰어오를 수 있는 마음의 근력인 회복탄력성을 장착할 것이고, 그렇게 멋진 성인이 될 준비를 마치게 될 거랍니다.

실패의 다른 말은 '과정'이고, '경험'이고, '피드백'이라고 합니다. 아이는 다양한 실패를 해왔고, 계속하게 될 텐데

요. 실패를 실패로 규정짓지 않고 성공으로 가는 과정, 경험으로 여기면서 그것을 통해 얻게 된 피드백을 통해 이후의 성장을 기대하면 충분합니다.

6. 책임감
맡아서 해야 할 임무나 의무를 중히 여기는 마음

지금까지의 아들은 책임과는 거리가 멀었어요. 책임질 일이 없었거든요. 책임을 지고 싶을 때도 있었겠지만 어른들은 아이에게 책임을 쥐여 주지 않았을 거예요. 아들이 하겠다고 하면 언제나 좀 마뜩잖고, 불안하고, 달려가 도와주고 싶은 마음이 들었을 테니까요. 아이는 제 일에 책임을 질 필요가 없었고, 책임을 질 수도 없었답니다.

그러던 아들이 사춘기를 지나면서 책임감을 갖게 될 거예요. 알아서 하겠다고 큰소리쳐 놓은 것에 대해서는 책임을 져야만 하거든요. 결과가 좋든 나쁘든 간에 아들 스스로 책임의 영역이 되었습니다. 알아서 하겠다고 큰소리쳤으니 책임도 져야죠. 괜히 알아서 하겠다고 했나, 싶은 후회가 들 때도 있겠지만 결국 그 일을 끝까지 책임지는 경험을 하게 되는 의미 있는 시기랍니다.

그래서 아들이 "내가 알아서 할게"라고 소리치면 알아서 하도록 그냥 두기를 추천합니다. 여전히 서툴고, 뒤죽박죽이고, 부모의 성에 차지 않겠지만 알아서 한다고 한 일을 정말 알아서 끝까지 책임지는 경험은 지금이 아니라면 결코 할 수 없기 때문이에요.

---

7. 계획성
모든 일을 계획을 짜서 처리하려고 하는 성질

사춘기 이전의 아들에게는 계획도 필요 없었답니다. 아이의 모든 공부, 학원, 일정의 계획은 부모에게 있었으니까요. 아들은 그저 하라는 대로 하기만 하면 칭찬을 받았고, 가끔 하기 싫다고 떼를 부리긴 했지만 그럭저럭 부모가 짜준 계획대로 움직이며 사춘기에 도달했습니다.

이제 계획은 아들의 것이 될 겁니다. 계획을 세우는 사람도 아들, 지키는 사람도 아들, 어기는 사람도 아들이 되겠죠. 공부에 관한 계획도 중요하지만 게임 할 때도 계획이 필요하고, 여행을 갈 때도 필요합니다. 그런 모든 계획의 주도권이 아들에게 넘어가는 사춘기를 잘 보내고 난 아이는 자신의 삶을 계획하는 계획성을 장착하게 됩니다.

계획은 다분히 기술입니다. 기술이라는 건요, 자꾸 하면 할수록 그 실력이 늘어난다는 특징이 있답니다. 계획을 세워 본 사람이 계획을 더 잘 세울 수 있고, 조금 더 실현 가능한 계획을 세우는 요령을 익힐 수 있어요. 그래서 아들에게 계획을 직접 짜볼 기회를 더 많이 주어야 해요. 아빠, 엄마가 세워준 번듯한 계획표보다 훨씬 좋은 건, 아이가 직접 세운 앞뒤 안 맞는 어설픈 계획이랍니다. 그걸 해 봐야 이후를 계획하고, 지키기 위해 노력하는 아들이 될 수 있어요.

> ## 8. 실천력
> **계획이나 신념 등을 실제로 이행할 수 있는 힘**

계획을 세우는 연습을 하고 있다면, 그 계획과 본인의 신념을 실제로 이행할 힘, 즉 실천력을 높여보는 시간이 사춘기입니다. 지금까지의 계획은 본인이 짠 것도 아니고, 계획대로 진행되지 않아도 엄마만 발을 동동 구르며 속상해했다면, 이제 필요한 건 본인이 세운 계획을 실천하기 위해 스스로 의지를 들이는 경험이에요.

실천력은 사실, 어른에게도 생기기 힘든 난이도 상의 힘이랍니다. 많은 어른이 다이어트에 실패하고, 금연에 실패하는 건 마음먹은 대로 실천하기 정말 힘들기 때문이지요. 아들도 역시나 그럴 거예요. 하지만 그게 당연하다는 마음으로 실천하지만 실패하는 아들을 꾸준히 격려하고 응원해주세요.

실천력을 기르는 가장 좋은 방법은 '아주 작은 성공'입니다. 하기 싫은 마음을 끝내 이기고 작은 목표를 실천으로 옮겼을 때만 얻을 수 있는 성취감을 경험해보는 게 중요해요. 이 성취감은 돈을 주고도 못 사는 매우 특별하고 소중한 가치랍니다. "겨우 그 정도로 뭘 잘했다고 그래?"라는 말보다 "실천으로 옮기기가 정말 힘든데 장하다", "대단하다"처럼 기특하다는 칭찬으로 아들의 기를 세워주세요. 으쓱으쓱한 아들은 또 뭐라도 실천하고 싶어서 두리번거리며 찾기 시작할 겁니다.

9. 판단력
사물을 인식하여 논리나 기준 등에 따라 판정할 수 있는 능력

'사리 분간을 할 줄 안다'라는 표현 아시죠? 사춘기를 잘 지나온 아들은 이제 사리를 분간할 힘을 갖게 될 거예요. 상황에 따라 그에 맞는 논리와 기준을 세우고 어떤 게 옳은지, 더 좋은 것인지에 관해 판단하게 되는 힘 말이죠.

맞아요. 그간의 아이는 판단력이 우수하다고 보기 어려워요. 단순하게 생각하기도 했고, 꼼꼼히 따져보기를 귀찮아했고, 판단하기도 전에 몸이 먼저 움직이기 일쑤였거든요. 그런데 이제 아들은 달라질 거예요. 그러기 위해서는 판단할 만한 기회를 더 많이 주셔야 해요. 옳다, 그르다를 알려주기보다는 왜 옳다고 생각하는지, 그렇게 생각하는 이유에 관하여 표현할 기회를 주세요.

표현했을 때는 설사 그 판단이 어리석어 보이더라도 지적하지 말아야 합니다. 스스로 자기가 한 판단에 관하여 생각해보고, 잘못됐을 때 다시 바꿀 수 있는 용기는 판단을 직접 여러 번 해본 경험에서 자연스럽게 길러진답니다.

사람의 판단력은 나이가 더해지면서 지혜롭고 현명해지는 것이기에 사춘기를 막 지났다고 해서 완성되는 종류의 힘은 아니에요. 이제 부모는 기대하면 됩니다. 해가 갈수록 더 나은 판단을 하게 될 아들을요.

10. 배려심
도와주거나 보살펴 주려는 마음

사춘기 아들을 보며 가장 실망스러운 부분 중 하나는 '어쩜 저렇게 자기밖에 모르고 가족과 주변 사람에게 배려가 없을까'라는 점이에요. 맞아요, 사춘기의 아들은 자기밖에 모르고 배려가 빵점입니다. 머릿속이 온통 자기 자신으로 가득 채워져 있고, 다른 사람과 다른 상황은 관심에 두지 않습니다. 아들이 차갑고 나쁜 사람이라서가 아니라, 아직 주변을 돌아볼 수 있는 마음의 힘이 없기 때문이에요.

사춘기를 지나고 나면 아이는 눈을 들어 주변을 둘러보게 될 거예요. 사춘기에 자신이 했던 이기적인 행동을 부끄러워할 거고요, 다시는 그러지 말아야겠다는 다짐도 할 거예요. 그런 아들을 격려하고 칭찬해주세요. 아들이 그때

그랬던 건, 그러려고 했던 게 아니라, 그럴 수밖에 없는 상황이었음을 이해해주세요.

사춘기 이후의 아들이 어느 날 갑자기 몰라보게 의젓하고 성숙한 인격의 사람이 될 거라는 기대도 참아주세요. 사람은 사는 동안 계속해 다듬어지고 깊어지는 존재니까요. 이제 막 조금씩 주변을 돌아보고, 다른 사람의 상황을 살피기 시작한 아이를 따뜻한 눈으로 바라보고 그의 성장을 알아봐주세요. 생각만 하지 말고, 말로 표현해주세요.

"우리 아들, 다 컸네."라고 말이에요.

사춘기를 단단하게 지나고 난 아들은 전보다 훨씬 성숙하고, 멋진 사람이 되어 있을 거예요. 좋은 남자가 될 준비를 마친 거죠. 생각만 해도 두근두근합니다.

• 4장 •
사춘기 아들과의 대화, 10가지 원칙

사춘기 이전의 대화는 부모가 아들에게 '이해할 수 있도록 설명하기', '사랑을 표현하기', '언어를 습득하도록 돕기' 등의 목적을 가졌어요. 아이 입장에서 부모와의 대화 목적은 '궁금한 것 물어보기', '혼자 할 수 없는 것에 관하여 도움을 요청하기'였고요. 서로 질문과 대답이 티키타카처럼 오갔고, 그 속에는 다양한 정보가 포함되어 있었답니다. 참으로 유익한 대화였습니다.

하지만 사춘기 대화의 달라진 목적을 기억하세요. 목적은 오직 한 가지, '아들 스스로 자신을 돌아보도록 유도하는 것' 뿐입니다. '알려주기 위한 대화', '알아내기 위한 대화'가 '일깨워주기 위한 대화'로 달라져야 합니다. 새로운 목적을 아는 것만으로도, 이미 성공 확률이 제법 높아집니다. 사춘기 아들에게 무엇을 알려주려 하거나, 무언가를 알아내려고 한다면 서로 매일 식식거리며 속이 시끄러워질 겁니다. 그래서 달라져야 해요.

아이를 존중하고 달라진 대화의 목적을 기억해야 하지만, 그렇다고 해서 모든 것을 아이에게만 맞출 이유는 없습니다. 아들 뜻을 마냥 받들어주는 것이 사춘기 부모의 미덕이 아니라는 거예요. 부모와 아이 사이에 새로운 원칙과 기준이 필요합니다. 사춘기 아들과 싸우기 힘들고 귀찮아 외면하고, 감정을 상하게 하고 싶지 않아 참으셨을 거예요.

하지만 아이를 한 명의 인격체로 존중하며 감정을 이해해주는 것과 잘못된 행동을 잡아주고 안전한 울타리를 만들어주는 건 다른 이야기랍니다. 여전히 관심의 끈을 놓지 말고 아들의 말과 행동을 들여다봐 주세요. 목적이 달라졌으니 방법도 달라져야 합니다.

사춘기 아들과 대화할 때 기억해야 할 원칙 10가지를 알

러드릴게요. '별것 아니네'라는 생각이 들겠지만, 막상 일상에서 부딪치는 문제에서 이 원칙을 되새기는 게 큰 도움이 됩니다. 멋대로 구는 아이에게 다정하게 대하는 게 얼마나 힘든 일인지, 다 커서 아저씨 같은 아들을 쓰다듬는 게 얼마나 어색한지, 이런저런 핑계를 대며 빠져나갈 궁리를 하는 아이에게 단호하게 말하는 게 얼마나 두근거리는 일인지 몰라요.

처음에는 어렵습니다. 그런데요, 처음만 어렵습니다. 원칙을 늘 상기하고, 지속해주세요. 사춘기 이전의 대화는 되도록 친절하고 자세하면서도 활발한 상호 작용을 기본으로 했지만, 사춘기에 접어든 아들과의 대화는 다음과 같은 원칙을 기억해야 합니다.

원칙 1. 노크하기

아들에게 궁금한 것, 확인해야 할 것이 있어 방에 들어갈 때는 먼저 노크를 해주세요. 형식적인 행동에 그칠 수 있으나 하지 않는 것보다는 백 배쯤 낫습니다.

원칙 2. 공감하기

먼저 공감해주세요. 아무리 탐탁지 않은 소리를 늘어놓아도 일단은 공감입니다. "아, 그래?", "와, 진짜?" 정도의 짧은 맞장구 정도면 충분합니다. 공감의 맞장구를 들은 아들은 더 이야기할까, 말까를 결정할 거고요, 여기에 이후의 대화가 달려 있습니다.

원칙 3. 다정하게

단호해야 하는 몇몇 상황을 제외하고 대부분 시간에는 다정한 태도를 유지하세요. 아들은 나와서 밥 먹으라는 엄마의 다정한 말을 종일 기다리고 있습니다. 평소의 다정함이 엄격해야 할 순간의 단호함을 증폭시킵니다. 다정했던 부모가 단호하게 돌변할 때, 아이는 그 말을 새겨듣습니다.

원칙 4. 간결하게

구체적이고 장황한 설명은 참기 힘들고, 들리지 않습니다. 핵심만 간단하게 한두 마디 정도로 전달해주세요. 너무 간결해서 아들이 알아들었을지 걱정될 정도라면 분량 조절 잘한 겁니다. '1절만 하자'라고 다짐하세요.

원칙 5. 결론부터

결론부터 말하고 나서 간단하게 이유를 덧붙이는 방식이 오히려 아들의 참을성을 키웁니다. 왜 그런지 이유부터 말하는 방식으로 이야기한다면, 그런 부모를 보며 사춘기 아들은 머릿속에 질문이 떠나지 않습니다. '그래서 결론이 뭐지?' 아들을 궁금하게 하지 말자고요.

원칙 6. 선질문 금지

사춘기 대화의 주도권은 아들에게 있습니다. 아들이 먼저 꺼내는 대화의 소재, 먼저 물어오는 궁금증에 관해 대화하거나 답하는 것을 원칙으로 하세요. 대화 중에 자연스럽게 관련된 질문을 하게 되는 것 정도는 괜찮지만, 답하지 않을 가능성도 높습니다. 상처받지 마세요.

원칙 7. 단호하게

반드시 지켰으면 하는 원칙에 관해 말해야 할 때는 단호한 눈빛과 말투가 효과적입니다. 큰 소리로 화를 내는 건 그다지 효과가 없을 거예요. 사춘기 아들은 부모, 특히 그중에서도 엄마가 하나도 무섭지 않거든요. 본인보다 덩치도 작고 약한 존재라는 걸 진작에 눈치챘답니다. 그래서 우리에게는 낮고 작은 목소리와 비장한 눈빛이 필요합니다.

원칙 8. 쓰다듬기

사춘기 아들을 피해 다니지 마세요. 아들은 여전히 부모의 스킨십을 환영합니다. 손을 잡고 걷는다거나 볼에 뽀뽀하는 건 질색이지만, 밥 먹을 때 등을 쓰다듬어주고 어깨를 토닥여주는 건 여전히 거부하지 않을 겁니다. 아침에 깨울 때 머리를 만져주거나 종아리를 주물러주는 것도 좋습니다. 스킨십은 계속되어야 합니다.

원칙 9. 쿨하게

달라진 아이 모습에 왜 서운한 게 없지 않겠습니까. 그래도 상처받지 마세요. 삐지지 마세요. 뒤끝 남기지 마세요. 아들은 엄마가 왜 서운한지 이해하지 못하고, 이미 다 잊었습니다. 복잡한 부모의 심경을 이해하기에는 아들이 지금 좀 바쁩니다. 자신을 깊이 탐구하느라.

원칙 10. 결정은 결국 네가

결정권은 아들에게 있습니다. 부모의 결정에 순순히 따르지 않을 거고요. 그럴 필요도 없습니다. 여러 선택지가 있음을 일깨워준 뒤, 결정은 본인이 해야 한다는 사실을 아들에게 알려주세요. 그러고는 부모도 그 결정에 동의해야 합니다.

• • •

좋은 인성은 한 주나
한 달 만에 형성되는 것이 아니다.
매일 조금씩 만들어지는 것이다.
지속적이고 꾸준한 노력이 필요하다.

_ 헤라클레이토스

2부

사춘기 아들과
싸우지 않고 대화하는
37가지 방법

아들과의 대화 주도권은 이제 아들에게 넘어갔습니다.
부모가 건네는 말을 듣지 않는 아들을 보며
서운해하거나 당황스러워하지 마세요.
부모가 해야 할 일이 바뀌었습니다. 따뜻하고 편안한
에너지를 품으며 무심한 척 기다리다가 마침내
아들이 건네는 말에 되도록 짧은 답을 건네는 것이면
충분합니다. 어쩌다 아들이 건넨 말은 부모인 우리가
듣기에 상당히 거슬리고, 걱정스럽고, 억지스러울
가능성이 높습니다.

그게 사춘기입니다. 그래서 사춘기입니다. 어딘가
마음에 들지 않게 달라져 버린 아이는, 압도적으로
멋진 어른이 될 준비를 하고 있다는 것만 떠올리세요.
여기, 사춘기 아들과 싸우지 않고 대화하는 37가지
방법을 소개합니다. 사춘기 아들의 부모라면 일상에서
아들과 겪게 되는 갈등 때문에 고민이 많지요. 갈등의
골이 더 깊어지기 전에 해결 방법을 알려드릴게요.
아들이 왜 그렇게 행동하는지, 아들의 속마음과
부모의 솔직한 심정을 함께 알려드릴게요. 또, 그

상황에서 아이가 꺼낸 이해되지 않는 말에 화내지
않고 다정하면서도 단호하게 대답할 수 있는 좋은
방법을 예를 들어 설명합니다. 제가 드린 대화법을
참고하여 이런저런 말들을 건네 보세요.
아들도 부모도 서로 상처주지도 받지도 않고, 각자
성장하는 시간을 가지게 될 것입니다.

· 1장 ·
공부 습관

공부 습관부터 무너지는 사춘기. 그래서 사춘기 부모가 느끼는

가장 큰 절망은 착실히 열심히 해오던 아이의 공부 습관이 무너져

버렸다는 사실이에요. 예상치 못하게 무너져본 지금의 경험은

이후의 고등 공부에서 슬럼프를 견디고 빠져나오는 데

결정적인 도움을 준답니다.

차근차근 다시 정비하되, 조급함은 아무 힘이 없습니다. 아이에게

학교 시험 준비와 학원 숙제는 잘하고 있는지 슬쩍 물어볼 때면,

사춘기 아들은 주로 다음의 예시처럼 대답하고는 자리를 떠나거나

눈을 피할 거예요. 그럴 땐 이렇게 말해주세요.

"그냥 내가 알아서 할게"

공부, 시험, 과제에 관한 부모의 간섭과 조언이 불편해진 아들

> ✔️ **이 대화를 통해 아들이 갖게 될 힘**
>
> 자기 주도성, 책임감, 계획성, 실천성

 부모의 속마음

'학원이라도 안 다니면 아무것도 안 할 것 같아 불안한 마음에 학원을 다니고는 있는데 정말 학원만 다닌다. 학원 숙제만 딱 마치면 바로 게임을 시작하고, 그 외에 아무것도 하지 않으려고 한다. 학원 숙제만 꼴랑 하지 말고 혼자

서 하는 공부량을 좀 늘렸으면 하는데, 조금도 더 하지 않으려고 하니 답답하다. 늦도록 학원 다니느라 피곤하고 힘든 건 이해하지만 남들 다 하는 학원 숙제 끝낸 게 뭐 그리 대수라고 이렇게까지 당당하게 구는지 이해되지 않는다. 이런 식으로 공부하면서 인서울? 어림도 없다.'

 아들의 속마음

'이제 나도 알아서 잘할 수 있는데, 엄마는 왜 자꾸 내 공부에 간섭하고 지적하는 건지 모르겠다. 엄마는 맨날 엄마 마음대로만 하려고 하는데, 나는 그렇게 하고 싶지 않다. 엄마의 방법이 언제나 옳은 것도 아닌데 엄마가 무조건 그렇게 해야 한다고 하니까 하고 싶었던 마음도 싹 사라지려고 한다. 내 공부니까 내가 알아서 해야 한다고 해놓고 갑자기 또 엄마가 시키는 대로 안 한다면서 혼을 내니 도대체 알아서 하라는 건지, 시키는 대로 하라는 건지 헷갈리고 점점 더 짜증이 난다.'

아들 : "그냥 내가 알아서 할게."

NO 이 말은 참으세요

"분명히 알아서 한다고 그래 놓고 안 하고 넘어간 게 지금 벌써 며칠 째야. 너는 말만 번지르르하게 하고 지금껏 알아서 제대로 한 게 없었잖아. 그러니 엄마가 도대체 언제까지 너를 믿고 맡겨야 하는 거니? 그런 식으로 할 거면 차라리 학원 횟수를 늘리거나 과외로 바꾸던가. 다른 애들은 학원 숙제도 알아서 척척 하고 나서, 따로 문제집 사서 더 푼다는데…, 내가 그런 것까지는 바라지도 않아요."

YES 이렇게 말해보세요

"그럼, 우리 아들 알아서 잘할 거라 믿긴 하지만 요즘은 좀 그러네? 이번 주 공부 계획 세우면 엄마도 좀 보여줄래? 알아서 하겠지만 어떤 식으로 공부할 건지 궁금해서 그래. 계획 세울 때 너무 거창하게 하면 부담되더라. 한번 살살 세워봐."

아들에게 지금 필요한 건?

아이가 잘되길 바라는 마음으로 도움이 될 만한 이야기를 건네 보지만 알아서 하겠다며 문을 닫는 아들을 볼 때마다 맥이 쭉 빠집니다. 유익하다는 정보를 찾아다닌 끝에 쓸만한 정보를 얻어와도 소용이 없습니다. 아이는 그 정보에 관심을 보이지 않거든요. 뭐가 더 중요한지, 뭐가 더 효과적인지, 무엇이 필요 없는지는 오직 엄마 머릿속에만 가득하기 때문입니다. 아이도 잘하고 싶어요. 그런데 스스로의 힘으로 잘해보고 싶어요.

지나간 얘기는 하지 않기로 해요. 어차피 우리 아들은 까맣게 잊었거든요. 오늘에 관한, 지금에 관한, 미래에 관한 얘기만 하기로 약속해요. 그리고 또 하나 할 게 있어요. '다른 애들'이라는 단어는 아예 입 밖으로 내지 않기로 약속해요. 최악입니다. 착한 우리 아들은 '다른 엄마들'과 '우리 엄마'를 절대 비교하지 않습니다.

감시하고 점검하는 엄마는 이제 그만! 아이가 스스로 해나가기 시작할 공부와 일상을 기대하고 궁금해 하고 격려하는 든든하고 따뜻한 어른이 되어주세요. 알아서 한다니까 알아서 잘할 것으로 믿으려고 노력해주세요. "보여달라"고 부탁하는 말로 아들에게 관심을 표현하고, 부모 스스로 느끼는 불안함을 내려놓으세요.

아이가 안 보여주겠다고 할 수도 있어요. 계획을 짜지 않고 그냥 공부하겠다고 버틸 수도 있지요. 아직 마땅한 경험이 없어서 그런 것일 수 있으니 꾸준히 시도하며 기다리고 다독여주세요. 아들도 스스로 공부를 계획하는 일이 처음이라 그렇습니다.

"학원 숙제 다 했는데?"

스스로 공부해야 한다는 사실에 관한 개념이 없는 아들

> ✔ **이 대화를 통해 아들이 갖게 될 힘**
>
> 자기주도성, 자기 조절력, 계획성

 부모의 속마음

'학원을 안 다니면 그나마 있는 숙제마저도 안 하게 될 거고, 집에서 마냥 놀기 불안하니까 괜찮은 학원을 찾아서 보낸 건데, 학원 숙제만 마치면 바로 게임을 시작하고 그 외 공부는 아무것도 하지 않으려고 한다. 학원 숙제만 딱

끝내지 말고 스스로 알아서 공부량을 좀 늘리면 하는데 조금도 더 하지 않으려고 하니 답답하다. 학교 마치고 학원까지 다니느라 힘든 건 이해하지만 남들 다 하는 학원 숙제 끝낸 게 뭐가 대수라고 뭐 이렇게까지 당당하게 구는지 이해되지 않는다. 요즘 이 정도 공부도 안 하는 애들이 어디 있다고.'

 아들의 속마음

'엄마가 가라고 해서 학원에 갔다 왔다. 학원 숙제 다 못 하면 학원 선생님이 엄마한테 전화하는데, 그러면 엄마가 또 뭐라고 혼낸다. 그래서 하기 싫어도 꾹 참고 숙제를 다 하는 편이다. 오늘 숙제 간신히 끝내고 신나게 게임하고 있는데, 엄마가 지금 뭐 하는 거냐고 갑자기 소리를 지른다. 엄마는 매사 이런 식이다. 학원 가라고 해서 갔다 왔고, 숙제하라고 해서 다 했는데, 숙제만 다 하면 공부가 끝인 거냐며 화를 낸다. 학원 숙제 다 하는 게 얼마나 힘든 일인데, 여기서 또 공부를 하라고? 어이가 없다.'

아들 : "학원 숙제 다 했는데?"

NO 이 말은 참으세요

"학원 숙제 꼴랑 그거 했다고 지금 게임 하냐? 시간이 남아도는구나. 영어 단어 좀 더 외우든가, 국어 문제집을 좀 늘리든가 해야겠네. 다른 애들은 밤늦게까지 해도 다 못한다는데, 너는 공부하는 양이 너무 적은 거 아니야? 겨우 숙제만 다 했다고 공부가 끝나는 게 아니야. 숙제는 필수고, 그것 말고도 도움이 될 것 같은 것들을 네가 좀 알아서 찾아서 해야지, 엄마가 하나하나 다 얘기해야 하는 거야?"

YES 이렇게 말해보세요

"숙제하느라 수고했네. 좀 쉬어야지? 사실 숙제하는 게 힘들기는 한데, 적응하면 여유가 생길 거야. 그때가 되면 만만한 과목을 골라 조금씩이라도 해두면 나중에 도움이 많이 된다고 하더라."

아들에게 지금 필요한 건?

아이가 방금 해낸 학원 숙제는 당연한 게 아니고, '겨우 그 정도'도 아닙니다. 정말 하기 싫고 지루하고 짜증나고 왜 해야 하는지도 모르는 산을 간신히 넘은 거예요. 숙제의 양, 공부의 양이 적다는 말을 들었다고 해서 자기 주도적으로 공부량을 늘리는 사춘기 아들은 없어요. 아이가 해낸 것을 인정하는 것에서부터 시작해야 다음 단계를 기대할 수 있어요.

지금 당장 영어 단어가 부족하고 국어 문제집 푸는 양이 부족해 보인다고 해도 절대 억지로 시키지 마세요. 고민할 시간, 결정할 시간, 마침내 실천으로 옮길 시간이 더 충분하게 필요하답니다. 엄마만 마음이 급해서 발만 동동 구르고 있지는 않은지 생각해보세요. 아이의 마음이 서서히 열릴 때까지 기다려주세요.

해야 하는, 하기로 한 마음의 짐이 었던 학원 숙제를 마친 아들에게는 휴식이 필요해요. 아무리 번쩍거리는 최신형 스마트폰도 충전 안 하

면 꺼지잖아요. 아이가 방금 막 어렵고 지루하게 끝낸 과제를 인정해주고, 아이가 게임기와 한 몸이 되어 누리는 휴식 시간을 존중해주세요. 그리고 슬쩍 이후의 일정에 관한 결정권은 아들 본인에게 있음을 일깨워주는 질문을 해주세요.

혼잣말처럼 질문을 슬쩍 흘렸다면 아들의 답은 바라지 마세요. 아들은 그 질문에 답하지 않을 거예요. 하지만 생각하기 시작합니다. 이 달콤한 게임을 언제 끝낼지, 끝나고 나면 무슨 과목을 공부해볼지 생각할 기회를 주는 것만으로도 충분합니다.

"이제 막 시작하려고 했단 말이야"

하기로 했던 공부는 하지 않고 딴짓만 하다가
오히려 화를 내는 아들

> ✔️ **이 대화를 통해 아들이 갖게 될 힘**
>
> 자기 주도성, 자기 효능감, 실천력

 부모의 속마음

'어쩜 저렇게 집중하는 시간이 짧을까. 알아서 공부 시
작할 때까지 아무 말도 안 하고 참고 참아가며 기다렸는
데, 시작하겠다고 해놓고는 5분도 되지 않아 쪼르르 나와
서 돌아다닌다. 잘 마시지도 않던 물은 왜 이렇게 공부할

때마다 챙겨 마시는지, 또 하지도 않던 책상 정리는 시험 기간이 되어서야 시작하는지 이해되지 않고 답답하다. 참다 참다 언제 시작할 거냐고 겨우 한 마디 좋게 물어본 것뿐인데, 막 시작하려고 했다고 버럭 짜증 낸다.

시작하는 중이라고 한 지가 벌써 한 시간이 훌쩍 넘은 걸 알면서 어쩜 저렇게 뻔뻔하게 태평할 수 있는 거지? 잘못했다고 얼른 시작하겠다고 해도 시원찮을 판에 오히려 당당하게 화를 내는 아이를 보고 있자니 어디서부터 잘못 가르친 건지 속이 터진다.'

 아들의 속마음
- - - - - - - - - - - - - - - -

'공부하려고 자리에 앉았는데, 볼펜이 망가지면서 잉크가 책상과 손에 온통 묻어버렸다. 물티슈로 치워보려고 해봤지만 잘 닦이지 않아서 손 씻으러 나가려는데 엄마가 뭐라고 한다. 공부는 언제 시작하냐고, 왜 이렇게 계속 돌아다니기만 하냐고. 나는 정말 손만 씻고 이제 막 공부를 하려고 했던 건데, 엄마는 나만 보면 공부 안 한다고 뭐라고 한다. 볼펜이 엉망이고 책상도 엉망이고 책꽂이가 엉망인데 도대체 공부가 어떻게 되겠냐고…. 엄마는 내가 공부할 때만 친절하고, 잠깐이라도 돌아다니면 그게 그렇게도 못마땅한가 보다. 내가 매일 공부만 하는 로봇이 되면 좋아할 거다.'

> 아들 : "이제 막 시작하려고 했단 말이야."

NO 이 말은 참으세요

"아니, 너 아까 한 시간 전부터 시작하겠다고 했었잖아. 그런 지가 벌써 한 시간이 지났다고. 이렇게 돌아다니고 물 마시고 책상 정리할 시간에 했으면 이미 숙제 다 끝냈겠다. 엄마가 아까부터 계속 기다리고 있었다고. 이렇게 봐주고 있는 건데, 얼른 시작하겠다고 해도 시원찮을 판에 뭐가 이렇게 당당해. 내 참 어이가 없어서."

YES 이렇게 말해보세요

"맞아, 하려고 하는데 누가 하라고 그러면 하려던 마음이 싹 사라지던데, 엄마가 딱 그렇게 말해버렸네. 얼른 끝내고 수박 먹자. 같이 먹으려고 기다리고 있으니까 후딱 끝내고 와!"

아들에게 지금 필요한 건?

저런, 부모의 조급한 마음을 들켰군요. 아들이 공부하기를 기다리며 시간을 계산하고 있었다는 사실도 들켰고요. 안타깝습니다, 안 들킬 수 있었는데 말이죠. 더 일찍 시작했으면 더 일찍 끝났을 거라는 건 어른의 계산이고요. 마음의 준비가 되지 않은 아직 분주한 아이가 엄마에게 떠밀려 급하게 시작했다면, 공부는 시작했으나 오늘 밤이 새도록 끝나지 않았을 수도 있다는 점을 기억하세요. 공부는 설거지가 아니에요. 의지도 생각도 없이 일단 시작하고 기계처럼 손을 움직이면 언젠가 끝나는 설거지로 착각하지 않기로 해요.

사람은 누구나 비슷한 마음을 가지게 마련이고, 그렇기 때문에 지금 아들의 짜증스러운 마음을 엄마도 경험해봤고, 충분히 이해한다는 마음과 내용을 담아 짧지만 제대로 사과해주세요. 미안할 일이 아니라고 생각할 수 있지만, 아이의 의도를 충분히 모른 채 굳이 안 해도 될 말로 마음을 상하게 한 건 명백하니, 화끈하고 깔끔하게 사과하는 것으로 멋진 어른의 모습을 보여주세요.

시작하려고 했었다는 아들의 말을 있는 그대로 믿어주세요. 그것부터 의심하기 시작하면 일이 커집니다. 보이지 않는 상황과 아이의 마음마저 추측하면서 복잡하게 만들기 시작하면 아들과의 대화는 정말 힘들어져요. 아이는 공부를 하려고 했어요. 아무 말도 하지 않고 그냥 뒀을 때 과연 어느 정도의 시간이 흐른 후에 공부를 시작했을지 궁금하긴 하지만, 공부를 하려고 했던 사실만큼은 진심입니다. 그런 아들에게 부모가 잠시 참지 못하여 도대체 언제쯤 시작할 거냐고 물어봤으니 그 부분에 있어서 후회를 좀 해야 합니다.

중요한 건 과연 몇 분을 더 끌고 공부를 하게 될지에 관한 것이 아니에요. 스스로 시작해서 끝마쳤다면 10분을 해도 제대로 한 거고요, 떠밀리듯 어쩔 수 없이 시작해서 눈치 보며 질질 끌다가 마무리했다면 10시간을 해도 집중해서 제대로 했다고 보기 어렵습니다. 중요한

건, 믿음과 주도권이에요. 공부를 성실히 할 아들을 믿는다는 부모의 믿음을 보여주고, 이 공부의 주도권이 아이에게 있음을 대화로 표현해줘야 합니다.

'시작하라'고 떠밀지 말고요. '곧 끝난다'라는 사실을 상기시켜주세요. 끝이 주는 후련함을 기대하게 해주세요. 끝에 닿기 위해 시작해야 한다는 점은 굳이 말하지 마세요. 그 정도는 우리 사랑스러운 아들도 잘 알고 있답니다. 시작하기 싫고 힘들고 내키지 않지만, 끝났을 때의 후련함과 자유로움을 떠올리며 마음 잡고 할 수 있게 분위기를 잡아주세요. 우리 귀여운 아들은 이제 떠민다고 밀리지 않거든요.

"이번 시험, 어차피 망했어"

시간이 부족하다는 핑계를 대며 쉽게 포기하는 아들

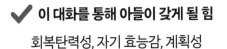

✓ **이 대화를 통해 아들이 갖게 될 힘**

회복탄력성, 자기 효능감, 계획성

부모의 속마음

초등학교 때 똑똑하다는 주변의 칭찬을 늘 듣던 아이였다. 어릴 때부터 뭐든 빨랐고, 100점 맞고 싶다고 그렇게 열심히 하더니 시험을 앞두고는 아무렇지 않게 망했다고 말하고 있다. 망할 것 같으면 미리 준비를 더 하는 게 당연한 거 아닌가? 망할 것 같다는 말로 밑밥을 깔아 놓으면 점수가 나왔을 때 덜 혼날 것 같아 그런 건가. 그렇다면 너무 괘씸한 일이고, 정말 시험 준비를 덜 해서 실력이 부족한 거라면 그것도 너무 괘씸하다.

 아들의 속마음

'시험이 다가온다. 나도 올백 맞아보고 싶다. 지난번 시험에서 우리 반 ○○이가 올 백 맞았는데, 정말 너무너무 부럽다. 어떻게 전 과목 모두 100점을 맞을 수가 있지? 신기하다. 나도 그렇게 되고 싶은데 이번 시험 범위가 너무 넓다. 교과서 공책 정리한 거 외우고, 문제집 풀고, 기출문제 풀고 하려면 시간이 엄청 많이 걸리는데, 그래도 끝까지 열심히 해봐야지. 이번에도 100점은 힘들 것 같은데, 엄마는 또 기대를 많이 하는 것 같으니까 아예 기대하지 못하게 망한 것 같다고 말해 놓는 게 마음이 편할 것 같다.'

아들 : "이번 시험, 어차피 망했어."

NO 이 말은 참으세요

"망할 것 같으면 시험 범위를 더 체크해서 외우고 반복해야지, 지금 그럴 때야? 망할 것 같다는 게 지금 자랑이야? 해보지도 않고 망했다고 하면, 성적이 더 올라가는 것도 아니고, 기분이 좋아지는 것도 아닌데, 도대체 왜 그렇게 안 좋을 말을 일부러 더하는지 모르겠네. 이럴 시간에 얼른 들어가서 한 번이라도 더 봐."

YES 이렇게 말해보세요

"이번에 범위가 넓다고 했지? 꼼꼼히 보려면 힘들겠지만 외웠던 거, 알고 있던 것까지 틀리면 너무 억울하니까 그것들이라도 다시 확인해서 100점 말고 90점을 목표로 하면 어떨까?"

아들에게 지금 필요한 건?

먼저 아이에게는 공부를 잘해서 좋은 성적을 받고 싶다는 그 마음을 있는 그대로 인정해주세요. 성적이 안 나와도 상관없는 건 아닙니다. 엄마가 아들에게 기대하는 것 이상으로 아이는 본인의 성적을 기대하고 그에 맞게 노력하고 있어요.

문제는 공부하는 과정에서 구체적으로 어떻게 공부해야 하는지 그 방법을 모른다는 거예요. 아들은 아직 제대로 공부하는 법을 알지 못해요. 학교와 학원에서 내주는 숙제를 하거나, 부모가 시키는 대로 할 뿐이죠.

그러다 보니 초등 저학년부터 지금까지 꽤 오랜 시간 공부했지만, 정작 '내 공부'에 관한 경험은 없다고 봐도 무방합니다. 그런 아이가 음악을 틀어 놓고, 친구와 줌 화면을 켜놓고, 스터디카페를 들락거리며 공부의 경험을 쌓아가는 중이에요. 집중이 잘되는 건지 어떤지도 명확하게 알 수 없는 다양한 종류의 공부 방법을 우리 아들이 시도하고 있다는 것을 이해하는 마음으로 바라봐주세요.

시험 준비는 교과서 위주로 꼼꼼하게 반복하면 된다

는 사실을 우리 사춘기 아들들이 모를 리가요. 그 사실을 몰라서 이번 시험에서 망했다고 말하는 게 아니잖아요. 범위가 넓고, 남은 시간은 부족하고, 하긴 해야 하는데 너무 막막하고…. 그래서 자포자기하는 심정으로 "망했다"라고 표현하고 있어요. 그게 자랑이 아니라는 걸 왜 모를까요.

이런 상황을 앞둔 아들에게는 도전해볼 만한 구체적인 방법을 한 가지만 알려주세요. 목표는 점수가 아니라, 시도 그 자체입니다. 남은 시간은 짧고, 범위는 넓어서 지금부터 아무리 공부해도 좋은 성적을 받기 어려운 상황이라면 목표를 낮추세요. 그리고 그 목표에 도전할 수 있을 만한 방법을 알려주세요.

"친구들 다 독서실 다녀. 나도 갈래"

공부에 관한 뚜렷한 목표와 계획 없이
친구들에게 휩쓸리는 아들

✔ **이 대화를 통해 아들이 갖게 될 힘**

자기 조절력, 책임감, 판단력

 **부모의 속마음**

'집에서도 제대로 안 하는 공부를 독서실에 간다고 할지
모르겠다. 할 놈이었으면 진작에 집에서도 집중해서 했을
텐데, 집에서 늦잠 자고 게임만 주야장천하던 놈이 새삼스
럽게 독서실에 가서 뭘 하겠나 싶다. 괜한 돈 낭비인 것 같

고, 독서실에 왔다 갔다 하느라 시간만 버릴 것 같고, 괜히 친구들과 어울려 다니면서 나쁜 행동을 배우게 될까 봐 그것도 걱정이다. 무엇보다 내 눈앞에 안 보이는 곳에서 제대로 집중해서 공부하고 돌아올지 의심스럽다.'

 아들의 속마음

'친구들이 요즘 독서실에 간다는데⋯. 우리 동네에도 독서실과 스터디카페가 많이 생기고 있는데, 나도 가고 싶다. 집에서 공부하면 집중이 되지 않고, 동생은 시끄럽고, 엄마 안 계실 때 밥 차려 먹기도 귀찮다. 독서실에 가면 친구들과 함께 편의점에서 도시락이나 컵라면을 사 먹을 수도 있고, 엄마 잔소리를 듣지 않아도 된다. 엄마는 독서실 가봤자 애들이랑 떠들고 잠만 잘 것 같다며 안 보내주겠다고 한다. 돈이 아까워서 그런 것 같기도 하고, 나를 못 믿는 것 같기도 하다.'

아들 : "친구들 다 독서실 다녀. 나도 갈래."

NO 이 말은 참으세요

"독서실만 가면 공부가 잘되고 시험을 잘 본다고 착각하면 너 진짜 시험 망치기 십상이야. 애들이 독서실에서 공부를 제대로 하는 거 같아? 걔들 어울려 다니면서 편의점이나 다니고, 엄마 잔소리 듣기 싫어서 거기 모여 있는 거잖아. 그런 애들은 애초에 정신이 글러 먹었어. 그래서 점수가 나오겠냐. 그런 애들이랑 붙어 있어 봐야 좋을 거 하나 없으니까 괜한 소리 하지 말고 집에서 해. 책상 좀 치우고, 방도 좀 치워."

YES 이렇게 말해보세요

"우리 아들 벌써 커서 독서실 가겠다는 말을 다 하네. 엄마가 확인하지 않아도 괜찮겠지? 어떤 독서실은 좀 위험하다는 얘기를 들은 적이 있어서. 친구들이랑 열심히 공부하려고 다니는 거니까, 그럼 한 번 가보고 나서 계속 다닐지 말지 얘기해보자."

아들에게 지금 필요한 건?

사춘기 아들이 중학생이 되어 가장 당황스러운 학교 행사가 바로 지필 평가, 그러니까 중간·기말고사랍니다. 주변에서 다들 중요하다고 하고, 여학생들은 알아서 계획표를 작성하며 준비하는 것 같은데, 아들은 어디서부터 어떻게 준비해야 할지 전혀 감이 오지 않거든요. 그렇다고 해서 아들이 시험 성적을 잘 받고 싶은 마음이 없다고 오해하지 말아 주세요. 처음 중학생이 되어 시험을 준비하는 아이는 친구들이 너도나도 독서실이나 스터디카페에 함께 가자고 하니 그곳에만 가면 공부가 잘될 것 같은 생각에 한 번 가보고 싶어진답니다.

네, 아들이 가고 싶다고 하면 허락해주세요. 가서 정말 열심히 공부에 집중하는 애들은 극소수라는 사실도 눈으로 직접 보면 좋고요, 분명 공부를 오래 했는데 정작 집중한 시간은 매우 짧았다는 사실도 깨닫게 되어 좋아요. 독서실 오가

느라 시간 걸리고 힘들었는데, 시험 성적에 큰 도움이 되지 않는 방법이었다는 사실을 알게 된 것만으로도 매우 큰 수확이랍니다.

중학생 시기는 나에게 잘 맞는 공부 공간은 어떤 곳인지를 찾아가는 시기이기도 해요. 편한 옷을 입고 수시로 먹을 것을 챙겨 먹을 수 있는 내 방을 최고로 꼽는 아이가 있고, 친구들이랑 휩쓸려 다닐 가능성은 높지만, 집보다 독서실에서 더 집중하는 아이도 있어요.

아들 스스로 공부 성향을 찾기 위해서 다양한 경험을 하고 있다고 생각해주세요. 제 아들이 지금껏 가봤던 독서실, 스터디카페를 모두 합하면 다섯 군데가 넘어요. 그중 한 군데에 간신히 정착하는가 싶더니 다시 집으로 돌아왔답니다.

06

"해도 성적 안 나오는데 어떻게 하라고"

열심히는 하지만 공부 방법을 몰라 막막해 하는 아들

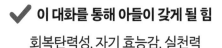

✔ 이 대화를 통해 아들이 갖게 될 힘

회복탄력성, 자기 효능감, 실천력

부모의 속마음

'아들은 열심히는 한다. 나름 노력한다. 그런데, 정말 열심히만 한다. 수업 시간에 제대로 듣기는 한 건지 알 수 없는 글자가 써진 노트를 볼 때면 한숨이 나온다. 문제집 풀겠다고 해서 과목별로 다 사줬는데 그것도 안 푼 채로 그

89

대로다. 이럴 줄 알았으면 내가 학교 다닐 때 더 열심히 공부나 할 걸. 나도 공부법을 잘 모르니 알려줄 만한 정보도 없고, 알려준다고 듣지도 않고…. 열심히 유튜브 영상에서 공부법 찾아봐서 알려줬더니 자기랑은 안 맞는 방법이라며 귀담아듣지도 않는다. 내가 왜 이 나이에 수학 공부법, 영어 공부법을 검색해서 찾아보고 있는지도 모르겠다. 다시 학생이 된 것 같은 느낌이 들어 어이가 없다.'

 아들의 속마음

'나는 열심히 공부하는 학생이다. 물론 다른 친구들과 비교했을 때 내가 제일 열심히 하는지는 모르겠지만, 이제 껏 공부했던 것 중에는 가장 열심히 하고 있고, 최선을 다해 시험을 준비하고 있다. 그런데, 이렇게 공부하는 게 맞는 건지 정말 모르겠다. 학원 선생님이 하라고 하는 대로 열심히만 하면 내 목표인 평균 95점을 받을 수 있는 건지, 애들은 어떻게 공부하고 있는지 궁금하긴 한데, 하나하나 다 물어보기도 그렇고, 잘 알려줄 것 같지도 않고. 엄마, 아빠한테 물어보면 아직도 이것밖에 못 했냐고 잔소리하니 물어보기가 싫다. 그리고 사실, 엄마, 아빠도 잘 모르는 것 같다. 공부해본 지가 언제인지 알 수도 없고, 서울대 나온 것도 아니니까 공부법을 잘 알 리가 없다.'

아들 : "해도 성적 안 나오는데 어떻게 하라고?"

NO 이 말은 참으세요

"너, 지난번에 엄마가 알려준 방법 잊어버렸어? 엄마가 몇 번이나 설명했는데, 대충 듣더니 다 잊어버리고. 아니, 왜 너는 엄마가 기껏 알려준 방법은 해보지도 않고, 안 된다고만 해. 그리고 수학 문제 풀 때는 꼭 공책에 풀이 과정 쓰면서 하라고 했잖아. 엄마가 책에서 보니까 꼭 그렇게 풀어야 실수가 없다고 하는데, 오늘부터 당장 그렇게 해. 도대체 그렇게 오랫동안 앉아서 공부하는데 왜 성적이 안 나오는 거야? 답답해 죽겠네."

"시험 잘 보고 싶어서 노력한다니까 기특하네. 그런데 첫 시험이라 너무 막막하지? 열심히 공부했던 어떤 형이 쓴 공부법 책이 있는데, 그 책 보고 따라 하는 건 어떨까? 너한테 잘 맞는 괜찮은 방법이 있을 수도 있잖아. 안 맞으면 말고!"

아들에게 지금 필요한 건?

공부 방법은 마치 수학 문제를 푸는 방법을 설명해주듯, 공부를 잘했던 누군가가 공부를 못하는 누군가에게 하나씩 가르쳐주며 어디 한번 해보라고 하는 식의 매뉴얼이 통하는 게 아닙니다.

왜냐하면 공부를 잘하는 사람들은 각자에게 잘 맞는 과목별 공부 방식을 결국 찾았다는 뜻이기도 합니다. 아빠가 수학 천재였다고 해서 아빠가 수학 공부했던 방식을 강요하는 게 큰 도움이 되지 않듯, 엄마가 영어 공부법을 잘 모른다고 해서 아이가 영어에 불리하게 되는 건 아니에요. 공부법은 누군가의 것을 흉내 내기에 그치는 게 아니라 실제로 공부를 해가는 과정에서 자신만의 방법을 하나씩 결정해가는 거예요. 그러기 위해 가장 필요한 건 여러 가지 방식을 시도하는 경험이랍니다.

세상의 100가지 공부법 중 내게 가장 잘 맞는 공부법을 1위, 2위, 3위 순서대로 추려내야 하는 바쁘고도 중요한 시기가 중등입니다. 어떻게 추릴까요? 해봐야죠. 똥인지, 된장인지 찍어 먹어 봐야 알죠. 세상에 얼마나 다양한 공부법이 있는데, 생판 얼굴도 모르는 수능 만점자 한 명이 썼던 공부법이 우리 아들에게 찰떡같이 잘 맞을 리가 없지 않을까요?

누군가의 공부법을 그대로 잘 따라 한다고 좋아할 게 아니고요. 아직 공부법을 못 찾아서 헤매고 있다고 불안해하고 조급해할 것도 아닙니다. 공부법에 관한 고민을 중등인 지금 하고 있음이 참말로 다행이라 생각하세요. 과목별 공부법에 관한 고민을 고등학생 때 하지 않는 것을 목표로 중학생인 지금 할 수 있는 모든 시도를 다 해보세요. 그러다 보면 수행평가도 망칠 수 있고, 기말고사 수학도 50점 맞을 수 있어요. 이런 상황을 고등학생이 아닌 지금 만났음에 감사하며, 안 맞는 방법들은 하나씩 지워가다 보면 우리 아이만의 공부법 1위, 2위, 3위를 결정짓게 될 거랍니다. 부모의 여유 없이는 결코 불가능한 일입니다.

07

"음악 들으면서 해야 집중이
더 잘 된단 말이야"

오랜 시간 공부하지만 집중하지 못하는 습관이 있는 아들

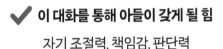

✔ **이 대화를 통해 아들이 갖게 될 힘**

자기 조절력, 책임감, 판단력

 부모의 속마음

'음악 들으면서 하는 공부가 잘 되면 얼마나 잘 될까? 뻔하다. 공부하는 척하면서 귀에 이어폰 꽂고 음악 흥얼거리고 앉아 시간만 때우는 중일 텐데, 제대로 공부 안 할 것은 뻔하고 저러다 청력까지 나빠질 것 같아서 걱정이다. 열심

히 하는 것 같긴 하지만 책상에만 오래 앉아 있을 뿐, 실제 공부하는 시간은 얼마 되지도 않는데 저래서 성적이 오르면 그게 더 이상한 일 아닌가. 어쩌다 한소리 한 걸로 기분 나쁘다고 문을 쾅 닫고 들어가 버리니 어디 무서워서 말이나 하겠나. 음악 들으면서 하면 집중이 더 잘된다는 말도 안 되는 소리를 하면서 우겨대는데, 나 참 기가 막혀서.'

 아들의 속마음

'공부할 양이 많아지고 늦게 자는 날이 늘어나니 졸리고 피곤하다. 그럴 땐 음악이라도 들으면서 하면 좀 괜찮은 것 같아 음악을 들으면서 공부하는 편인데, 엄마는 그런 내게 계속 뭐라고 한다. 엄마도 설거지할 때 유튜브를 보면서 하고, 운동할 때 텔레비전을 보는 것처럼 나도 더 즐거운 마음으로 열심히 공부하기 위해 음악을 듣는 것뿐인데 말이다. 음악을 들으면 잠이 달아나기도 하고, 공부할 때 기분도 좋아서 실제로 훨씬 더 집중이 잘 되는 느낌이 든다. 그리고 요즘 친구들 대부분 음악을 들으면서 공부하는데, 나만 안 듣는 것도 좀 소외되는 것 같기도 하다.'

아들 : "음악 들으면서 해야 집중이
더 잘 된단 말이야."

NO 이 말은 참으세요

"음악 틀어 놓고 제대로 공부한다는 게 말이 되냐? 그거
엄마도 어릴 때 다 해봤어. 그냥 하는 척만 하는 거지, 실
제로 머릿속에 아무것도 안 남아. 공부 잘하는 친구들 중
에 음악 들으면서 한다는 애는 하나도 없어. 이런 식으로
공부해서 성적이 잘 나오기를 기대하는 게 글러 먹은 거
야. 당장 음악 꺼."

YES 이렇게 말해보세요

"맞아, 엄마도 예전에 너무 졸릴 때 음악을 들으면 잠이
좀 깨긴 하더라. 음악을 들으면 집중력은 좀 떨어져도 피
로가 풀리는 느낌이 들어. 근데 너무 오래 들으면 귀도 피
곤하고, 자꾸 흥얼거리게 되니까 시간을 정해두고 듣고,
끄는 것을 반복하길 추천해."

아들에게 지금 필요한 건?

앞에서도 말했지만, 아이가 공부를 잘하고 싶어하고 좋은 성적을 받고 싶어하는 마음이 있다는 것을 인정해 주세요. 부모가 아들에게 기대하는 것 이상으로 아이는 본인의 성적을 기대하고 그에 어울리는 노력을 합니다. 그런 아들이 음악을 틀어 놓고, 친구와 줌 화면을 켜놓고, 독서실을 오가며 공부의 경험을 쌓아가는 중이에요. 집중이 잘되는 건지 어떤지도 명확하게 알 수 없는 다양한 종류의 공부 방법을 시도하고 있다는 점을 이해하는 마음이 무엇보다 필요해요.

엄마와 아빠가 어릴 때 해봤던 시행착오를 반복하는 아이를 보면 인생 선배로서 가만히 지켜보기 어렵습니다. 도움이 되지 않는 건 당장 그만두게 하고 싶고, 유익한 것만 골라주고 싶은 마음, 이것은 사랑이 맞습니다.

하지만 사춘기 아들과의 대화에서 넘치는 사랑이 해가 될 수 있어요. 음악을 틀고라도 책상에 앉아 열심히 하려는 아이의 노력과 태도에 관한 칭찬이 쏙 빠진 지적은 마음잡고 해보려는 아이의 의욕을 꺾고 쓸데없는 반항심을 자극해 그날 공부 전체를 망쳐버리기 제격입니

다. 공부할 때 음악을 듣는 행동이 집중력을 방해한다는 사실 정도는 아들도 알고 있어요. 인정하기 싫어할 뿐이죠. 아이가 이미 알고 있다는 점을 드러내어 아이의 자연스러운 동의를 구하세요. 너도 알고 나도 알지만 네가 원하니까 존중해주겠다는 느낌이랄까요?

'집중력은 좀 떨어져도 피로가 풀리고 힘이 나게 도와주는' 음악의 순기능을 엄마가 먼저 짚어주는 것도 영리한 전략이에요. 엄마가 반대하는 순간 아이 입에서 나왔을 이야기를 선수 쳐 버리는 거죠. 장점도 단점도 명백히 알고 있는 엄마가 굳이 반대하지 않는 것에 대한 고마움, 아예 듣지 말라는 것이 아니라 시간을 정하자는 제안에 아들의 마음도 열리기 시작합니다.

08

"모둠 점수 억울해.
나도 이제 대충할 거야"

모둠 과제와 점수에 억울함과 불만이 많은 아들

✔ 이 대화를 통해 아들이 갖게 될 힘

책임감, 판단력, 배려심

 부모의 속마음

'성실하게 곧잘 하긴 하는데, 계속 저렇게 투덜투덜하네. 다 같이 하다 보면 좀 더 할 수도 있는 거고, 어쨌거나 열심히 하면 다 도움이 되는 일인데 저렇게 예민하게 구는 걸 보니 큰 인물이 되긴 글렀네. 물론, 억울한 마음도 이해는 가지만 그렇다고 선생님께 가서 항의할 것도 아니면 이쯤에서 마음 정리해버리고 다 못한 학원 숙제나 좀 더 하지, 어쩌려고 계속 저것만 속상해 하고 투덜거리고 있는 걸까.

아, 그리고 선생님도 좀 그래. 열심히 한 만큼 점수를 받아야 아이가 더 열심히 할 마음이 들 텐데 저렇게 똑같이 점수를 매겨 버리니까 나라도 하기 싫겠다. 이런 마음을 애한테 다 얘기하자니 괜히 선생님 원망만 더 할 것 같고, 안 그런 척하고 있자니 애 맘도 몰라주는 부모가 되는 것 같고, 갈등 되네.'

 아들의 속마음

'나는 열심히 해서 서울대에 갈 거다. 내 꿈도 이룰 거고, 유명해질 거고, 사람들이 존경하고 부러워하는 멋진 사람이 될 거다. 근데, 쟤들은 왜 맨날 숙제 때마다 저렇게 뺀질대고 놀기만 하지? 보고서를 쓰던지, 발표를 하던지, 발표 자료를 만들던지, 뭐라도 좀 제대로 맡아서 열심히 해야 하는 거 아니야? 그래 뭐, 모두가 열심히 할 수는 없는

102

거니까. 그건 이해하겠는데, 모둠 애들 다 놀고 나만 열심히 한 것 같은데, 점수는 다 똑같이 받으니까 너무 억울해. 이럴 거면 나도 그냥 놀 걸, 어차피 점수를 더 받는 것도 아닌데 말이야. 그나저나 뭔 놈의 숙제, 수행평가, 시험은 이렇게나 많은지 이거 다 잘해야 서울대 가는 건가. 숨 막혀.'

> ### 아들 : "모둠 점수 억울해. 나도 이제 대충할 거야."

NO 이 말은 참으세요

"그럴 수도 있지, 뭘 남자가 그런 걸로 쪼잔하게 구냐. 다음에는 그 아이들한테 더 많이 하라고 하면 되잖아. 그리고 담임 선생님도 이상해. 개별 점수를 주면 될 걸, 모둠 과제라고 해서 꼭 모둠 점수를 받아야 하는 건 아닌데 말이야. 다음부터는 좀 열심히 하는 애들이랑 같은 모둠을 할 수 있게 미리미리 약속하든지…. 그리고 선생님께 모둠 점수 말고 개별 점수로 달라고 말씀드려 봐. 이렇게 엄마한테 투덜투덜하고 있지 말고."

이렇게 말해보세요

"억울하겠다. 우리 아들 속상했겠네. 손흥민 선수를 생각해볼까? 손흥민 선수가 두 골을 넣은 덕분에 한국 대표팀 전체가 메달을 땄다고 해서 억울해하지는 않지? 모두 똑같이 메달을 얻었지만, 결국 손흥민 선수 개인 랭킹이 올라가잖아."

아들에게 지금 필요한 건?

무엇보다 우선 되어야 할 것은 '억울할 수 있다, 억울한 상황이 맞다'라는 것에 충분한 공감의 표현이에요. 아이가 지금 말도 안 되는 엉뚱한 고집을 부리며 억울해하고 불평하는 게 아니거든요. 누구나 이런 상황에서는 억울하다고 느낄 수 있고, 엄마, 아빠라도 그렇게 느꼈을 것 같다고 말해주세요. 아들의 억울함에 편을 들어주세요. 억울해하지 말라고 다그친다고 해서 그 감정이 해소되지는 않습니다.

하지만 공감만으로 그치지 않아야 합니다. 지금 얼핏 억울해 보이는 상황이 실은 성장을 위한 좋은 기회라는 사실을 이해시키는 것까지 이르러야 합니다. 이런 불합리해 보이는 상황에 아이의 편에서 아이에게 유리한 방향으로 해석해줄 수 있는 사람은 세상에 오직 두 사람, 아빠와 엄마밖에 없습니다.

남자든 여자든 자기 점수 꼼꼼하게 잘 챙기는 애들이 고등 내신에 강할 수밖에 없거든요. 칭찬해줄 일이지요. 또, 선생님과 평가 기준에 관한 부모의 불만 표현은 학교와 선생님의 권위에 관한 신뢰와 직결되기 때문에 되도록 삼가는 것이 좋습니다. 평가 기준이 갑자기 달라졌을 리가 없고, 학기 초에 공지했던 내용이므로 이제 와서 그 방식과 기준을 문제 삼아 봐야 그다지 크게 얻을 게 없습니다.

점수도 중요하지만 실력이 중요합니다. 이번 과제를 통해 점수는 똑같이 받았을지 몰라도 실력이 성장하는 면에서는 분명히 달랐을 것입니다. 아들 홀로 외로이 고군분투하며 얻어낸 귀한 점수를 누군가는 적당히 얻었겠지만, 이번 과제의 최대 수혜자는 열심히 한 학생입니다. 그 사실을 차분히 설명해주세요.

특히 중학교에서의 평가는 그 성적만으로 결코 대입

과 직결되지 않기 때문에 비록 원하는 점수를 얻지 못하거나 이처럼 억울한 상황을 겪을 수 있지만, 실력과 경험을 쌓기에 더없이 좋은 기회임을 일깨워줘야 합니다. 내 아이가 잘되길, 원하는 목표에 가까이 닿기를 세상 가장 간절히 바라는 부모이기에 부모만이 따뜻한 목소리로 아들의 마음을 다독일 수 있습니다.

• • •

"반복적으로 무엇을 하느냐가 우리를 결정한다.
그렇다면 탁월함은 '행위'가 아닌 '습관'이다."

_ 아리스토텔레소

· 2장 ·

일상 습관

사춘기 아들은 아침마다 눈을 뜨고 몸을 일으켜 씻는 것처럼

지극히 일상적인 행동부터 부지런하고 예의 바른, 노력이 필요한

행동을 많이 힘들어하는 시기입니다. 하아…, 내가 낳아 기르는

사랑스러운 이 아이가 어쩌다 이런 모습이 되었을까, 라는

실망스러운 순간마다 심호흡하며 아들의 상황을 이해하기 위해

노력해주세요. 아이 역시 매일 밤, 엉망이 되어버린 자신의 일상을

탓하며 벗어나려고 노력하고 있습니다. 그런 아들에게 이렇게

말해주세요.

"내일부터 하면 되잖아"

하기로 한 일을 시작하지 않고 계속 미루는 아들

이 대화를 통해 아들이 갖게 될 힘

자기 조절력, 계획성, 실천력

 부모의 속마음

'하기로 한 게 있었으면 차라리 진작 말하고 못 따라 나가겠다고 했으면 안 데리고 갔을 텐데. 누가 억지로 나가자고 했나. 다 큰 게 꼭 저렇게 어린 사촌 동생들이랑 게임하고 노느라 공부하기로 한 것도 안 하고, 완전히 정신이

110

팔려 있으니 내 속만 터진다. 수행평가 준비하겠다고 벌써 사흘 전부터 그래 놓고 이 핑계, 저 핑계 대면서 아직 시작도 안 하더니 또 내일로 미루겠다고 한다. 내일은 과연 시작할까? 어쩜 저렇게 계획대로 하는 게 하나도 없고, 맨날 내일 타령인지 모르겠다. 내 속만 탄다.'

 아들의 속마음

'오늘부터 수행평가 준비하려고 했는데, 진짜 내일부터는 꼭 시작할 거다. 사실 오늘부터 했어야 했는데, 저녁에 갑자기 이모가 놀러왔다. 다 같이 식당에 갔다가 늦어진 게 문제였다. 사람들이 너무 많아서 줄 서서 기다리다 간신히 들어간 데다가, 오늘 따라 음식도 늦게 나오고, 사촌동생들이 끝까지 계속 먹는 바람에 집에 돌아오니 9시가 다 되었다. 오늘부터 수행평가 준비하려고 했는데, 오늘은 차라리 일찍 자고 내일부터 열심히 해야겠다. 하루 정도 늦는다고 큰일이 생기지는 않으니까.'

아들 : "내일부터 하면 되잖아."

NO 이 말은 참으세요

"너는 내일부터 하면 된다는 말을 어제도 하고, 그제도 하더라. 내일 또 그러겠지. 도대체 하겠다는 말을 언제부터 하고서는 아직도 시작을 못 해. 그렇게 게을러서 자꾸 미루면 아무것도 못 해. 그런 사람을 누가 좋아하고 믿어주겠냐. 나라도 싫겠다. 꼭 안 가도 되는 식당에는 왜 군이 따라나서서 하기로 한 것, 하나도 못 하게 됐잖아. 이렇게 될 줄도 모르고 그저 논다니까 신나서 따라나선 것부터 잘못이지, 쯧쯧. 그래서 너 이제 어쩔 거야? 네가 실컷 놀고 와서 숙제 못 한 거니까 밤을 새워서라도 다 끝내놓고 자."

YES 이렇게 말해보세요

"오늘부터 할 거라고 미루기에 알아서 할 줄 알았는데, 시간이 너무 늦어졌네. 그런데, 내일부터 시작하면 너무 촉박하지 않을까? 어차피 해야 하는 거니까 오늘 자기 전에 조금이라도 해놓으면 내일은 훨씬 덜 부담될 거야."

아들에게 지금 필요한 건?

도대체 아들은 언제쯤 오래 미뤄둔 일들을 시작할까요? 과연 시작하기나 할까요? 미루고 미루고, 또 미루면서도 태평스러운 아들을 보면 엄마는 속이 탑니다. 맞아요, 엄마 속만 탑니다. 아이는 불안하거나 속상해하지 않아요. 오늘 시작하려고 했지만, 내일 시작해도 할 수 있을 거라 믿기 때문입니다. 내일 시작해도 충분히 마무리할 만한 과제가 있고 아닌 것들이 있는데, 그것도 모르고 마냥 태평합니다.

그런데 생각해보세요. 오늘 시작하려던 계획을 못 지키고 미루게 된 건, 아들이 게으른 탓만은 아니에요. 아들 입장에서는 이모네 가족과의 식사라는 좋은 핑계가 있고, 덕분에 과제를 미룬 채 즐거운 저녁 시간을 보내긴 했지만 돌아와 보니 졸리고 피곤해서 그냥 자고 싶어진 겁니다. 엄마, 아빠는 어떠세요? 저는 게으름을 부리며 계획을 미루고 미뤄본 적이 많아요. 늦출 수 있을 때까지 최대한 뒤로 늦춰 막판에 쫓기듯 해치우는 사람입니다. 지금 이 원고도 마감을 코앞에 두고서야 비로소 손이 키보드 위에서 움직입니다.

아, 물론 미루고 미루는 아이를 두둔하고 싶은 건 아니에요. 잘못한 거, 맞아요. 그리고 끝내 기한 안에 과제를 마치지 못해 점수가 깎일 수도 있어요. 그럴 가능성이 현재로는 매우 높은 편이에요. 하지만 한 가지만 믿어주세요. 이렇게 미루는 습관 때문에 점수가 깎일 수 있지만, 그 경험은 돈을 주고도 못 사는 소중한 공부라는 사실을요. 결국 해야 하는 일이라면 끝까지 미루면서 버티기보다는 조금씩이라도 매일 하는 것이 정신 건강에 훨씬 이롭고, 결과물의 수준도 올라간다는 사실을 아이가 직접 겪으며 느꼈으면 좋겠어요. 옆에서 아무리 말로 한들 아이의 오래된 습관이 고쳐지기는 쉽지 않거든요.

이런 아들에게는 단호하지만 믿어주는 엄마가 필요해요. 마냥 "괜찮아"라고 허용해주는 것이 능사는 아닙니다. 지금 미루고 있는 일은 '결국 해야만 하는 일', '미뤄봤자 나만 손해인 일'이라는 것을 간략하고 단호하게 일깨워주세요. 뻔히 알고 있는 사실이지만 다른 사람을 통해 듣고 나면 마치 처음 듣는 이야기처럼 정신이 퍼뜩 들기도 하는 게 사람이잖아요.

10

"엄마가 그냥 빨리해줘"

귀찮다는 이유로 본인의 일을 부모가 대신해주길 요구하는 아들

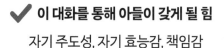

✔️ **이 대화를 통해 아들이 갖게 될 힘**

자기 주도성, 자기 효능감, 책임감

부모의 속마음

'도대체 나는 언제까지 이 녀석의 비서 노릇을 해야 할까. 혼자 버스 타고 와도 될 거리의 학원인데 꼭 데리러 오라고 하고, 집에 두고 갔다고 학교에 가져다 달라고 하질 않나, 먹고 싶은 게 있다고 밤중에 시켜 달라고 하고 14년

째 이러고 있다. 기다려주고, 알아서 하겠거니 믿어줬는데 조금만 귀찮고 힘들어 보이면 바로 엄마한테 미룰 궁리만 하는 아이가 얄밉다. 그러면서도 뭐가 그리 당당한지 모르겠다. 알아서 제 할 일 착착 하는 애들도 많은데, 내가 아들을 잘못 키워서 그런가 싶다. 어쨌든 나도 너무 피곤하고 바쁘고 지치는 하루다.'

 ## 아들의 속마음

'시간도 없고, 귀찮은데 엄마한테 도와달라고 해야겠다. 엄마는 원래 내가 혼자 잘 못 하는 일이 있을 때마다 바로 와서 도와줬으니까, 이번에도 도와달라고 하면 도와줄 거야. 그리고 어차피 내가 혼자 하면 잘하지 못하기도 하고. 제대로 못 하면 엄마가 뭐라 그럴 거니까 아예 엄마한테 해달라고 하는 게 속 편하다. 이번에도 엄마가 잘 도와주겠지? 엄마가 하면 빠르고 확실하잖아. 그리고 내가 하면 어차피 늦게 한다고, 제대로 못 한다고 엄마가 잔소리하면서 재촉할 게 뻔해. 그럴 거면 아예 엄마한테 해달라고 부탁하는 게 낫지.'

> 아들 : "엄마가 그냥 빨리해줘."

NO 이 말은 참으세요

"야, 내가 네 종이야? 너는 손이 없냐, 발이 없냐, 입이 없냐. 너 혼자 할 수 있는 거잖아. 지금까지 이만큼 해줬으면 됐지, 도대체 내가 언제까지 이 짓을 해야 하는 건데? 중학생씩이나 됐으면 이제 엄마가 확인하지 않고, 도와주지 않아도 알아서 좀 해야 하는 거 아니야? 초등학교 때 내내 도와주고 대신해주느라 엄마가 얼마나 힘들었는 줄 알아? 너는 네 엄마가 불쌍하지도 않냐? 네 아빠랑 네 동생 수발 드는 것만도 아주 정신없어 죽겠는데, 너까지 이래야 돼? 아이고, 진짜 내 신세야."

YES 이렇게 말해보세요

"지난번에 엄마 아팠을 때 너 혼자 잘했던 거 기억나지? 엄마는 이 정도는 바로 도와줄 수는 있지만, 그게 너한테 손해야. 시간이 좀 걸려도 혼자 해보면 다음부터는 훨씬 덜 힘들거든. 안 되면 도와줄 테니까 혼자 시도해보자."

아들에게 지금 필요한 건?

아이가 무언가를 능숙하게 하지 못해 부탁하는 상황은 아닐 거예요. 귀찮은 게 문제죠. 부모의 눈에는 뻔히 보여요. 뭔가 귀찮고, 바쁘고, 곤란하고, 민망한 상황이 닥치면 생전 안 찾던 아빠, 엄마를 찾으며 도움을 요청한다는 사실이 말이죠. 얄미워요. 필요할 때만 이용당하는 느낌이랄까? 한편으로 생각하면 여전히 아들에게 도움을 줄 수 있는 존재라는 사실이 감사하게 느껴지기도 하지만 말이죠.

이럴 때는 아무리 바빠도 한 번에 선뜻 도와주지 마세요. 하지만, 왜 안 도와주는 건지는 정확하게 말씀해주세요. 아들의 미성숙한 사춘기의 뇌는 이렇게 판단하거든요. "엄마는 지금 귀찮아서 안 해주는 거야. 나도 엄마가 심부름시킬 때 귀찮으면 안 할 거야."

얼핏 귀찮은 마음 하나 때문에 부탁을 거절했다는 오해는 받지 마세요. 귀찮음이 어떤 행동의 결과가 될 수는 없다는 사실을 알게 해야 해요. 귀찮기도 하고, 시간이 걸림에도 불구하고 스스로 했을 때 얻게 되는 좋은 점을 간결하지만 단호하게 알려주세요.

그리고 마지막으로, 언제든 기꺼이 도와줄 수 있는 아빠, 엄마의 존재가 가까이에 있다는 사실을 알려주세요. '우리는 너를 도울 수 있지만 너에게 한 번 더 기회를 주는 것뿐이야'라는 사실을 정확하게 표현한다면 아들은 서운해하지 않아요. 귀찮음을 무릅쓰고 송아지처럼 천천히 무언가를 시작할 거예요.

11

"어차피 애들 다 늦게 와"

시간을 지키지 않고 늑장 부리면서 간섭을 거부하는 아들

✔️ **이 대화를 통해 아들이 갖게 될 힘**

책임감, 계획성, 판단력

 **부모의 속마음**

'마흔 넘게 살아보니, 시간 약속을 지키지 않는 사람이 너무 싫다. 엄마들 모임에 나가도 늦는 엄마들은 꼭 늦고, 회사에서도 기한 어기는 걸 아무렇지 않게 생각하는 사람들이 생각보다 꽤 많다. 시간 약속은 기본 아닌가? 시간 안

지키고 번번이 늦는 사람 자체에 대한 신뢰가 없다 보니 내 아이만큼은 시간 잘 지키는 습관을 갖게 해주고 싶었다. 그런데 어차피 애들도 다 늦는다는 이유로 느릿느릿 천하태평한 아들을 보고 있자니 속이 터진다. 고등학교 때는 지각을 한 번이라도 하면 내신 성적에 불리하게 반영된다는데, 지각이 습관이 되지 않도록 다시 이야기해야겠다.'

 아들의 속마음

'우리 반 교외체험학습 날, 올해 들어 네 번째다. 학교 정문에서 9시까지 반별 집합인데, 애들은 엄청 늦게 온다. 이런 날은 지각 체크도 안 하니까 애들도 그걸 알고 늦잠 자고 천천히 온다. 선생님도 늦은 애들한테 뭐라 안 하시니까 점점 늦는 애들도 많고, 나도 천천히 나간 건데, 엄마는 늦게 나간다고 계속 잔소리한다. 애들 다 늦는다고 말해봤지만 먹히지 않는다. 그렇게 시간 약속 하나 못 지키는 놈이 무슨 공부를 제대로 하겠느냐고 하는데, 도대체 시간 약속과 성적이 무슨 상관인지 모르겠다. 이해가 안 된다. 맨날 늦는 애들 중 한 명은 전교 1등인데….'

아들 : "애들 어차피 다 늦게 와."

NO 이 말은 참으세요

"애들 다 죽으면 너도 죽을 거야? 애들 다 늦게 오는 거랑 네가 늦는 거랑 무슨 상관이야? 그렇게 툭하면 늦고 게으름 부리면 나중에 고등학교에 가서 지각해서 점수 깎이고 그러면 다 네 손해라고 말했잖아. 나는 시간 약속 안 지키는 사람 아주 그냥 딱 질색이야. 살면서 시간 약속은 기본 중의 기본인데 아주 그냥 기본이 안 되어 있어. 그런 사람은 같이 일해보면 괜찮았던 적이 없어. 별로야, 별로."

YES 이렇게 말해보세요

"나보다 늦는 사람이 많으면 일찍 가는 게 손해인 것 같은 기분이 들지. 늦게 가도 괜찮을 것 같긴 해. 근데, 다들 늦는다고 늦게 나가봤는데, 결국 나만 마음 급해지던데. 넌 어땠어? 그러느니 그냥 시간 맞춰서 당당하게 도착하는 게 나은 것 같아."

아들에게 지금 필요한 건?

그래요, 세 살 버릇이 여든까지 가는 건 맞는 말이에요. 그런데요, 사춘기 아들을 키우면서 너무 비장해지지는 마세요. 지금 아이의 단편적인 모습을 보면서 30년 후의 대기업 임원 승진 시험에 붙고 떨어지고를 상상하지 말라는 거예요. 아들은 지금 여러 경험을 통해 자신만의 성향, 특성을 하나씩 만들어가는 중일 뿐, 단편적인 행동 하나로 인생 전체가 예상치 못한 크나큰 어려움에 빠지는 일은 결코 일어나지 않아요.

만약 사춘기가 그토록 엄격한 시기라면, 부모가 된 우리도 지금 이 정도로 살고 있을 수 없었을 거예요. 사춘기였던 우리를 떠올려 봅시다. 절로 고개가 숙어지지 않나요?

늦어도 되니까 최대한 늦게 가는 게 대단히 영리한 것처럼 보이지만 결과적으로 여러 안 좋은 점도 생긴다는 사실만 최대한 간단하고 지속적인 메시지로 전달하세요.

제 아들은 한 번도 지각한 적이 없지만, 늘 간당간당

하게 교실에 들어가 앉게 될 만큼 최후의 순간에 집을 나섰어요. 그런 아이에게 참고 참은 끝에 한 달에 겨우 한 번씩 얘기를 꺼내는데, 그렇게 여유 시간을 1분도 두지 않고 아슬하게 다니다가 갑자기 자전거가 넘어지기라도 하면 바로 지각일 텐데, 일어나서 손 털고 바지 털 시간 정도는 확보하고 출발하는 게 정신 건강에 이롭지 않냐고 슬쩍 중얼거렸어요. 1년을 설득해서 5분 앞당겼습니다.

12

"담임 때문에 짜증 나"

선생님에 대해 선을 넘는 험담을 늘어놓는 아들

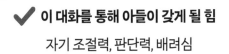

✔ **이 대화를 통해 아들이 갖게 될 힘**
자기 조절력, 판단력, 배려심

 부모의 속마음

'담임 선생님을 담임이라고 부르고, 툭하면 짜증 난다며 험담하는 아들을 보고 있으면 예의 없게 키운 내 탓인 것 같아 씁쓸하다. 우리 어릴 땐 더 심하게 이상한 행동을 하는 선생님도 많았는데, 겨우 이 정도로 말끝마다 불만스러워하는 걸 듣고 있자니 예전의 내 아이가 아닌 것 같아 낯설게 느껴진다. 이럴 때마다 바로 잡아야 할지, 싸움을 만들기 싫으니 그냥 내버려 둬야 할지, 선생님 욕을 할 때마다 고민된다. 아들 얘기를 듣고 있으면, 담임 선생님이 너무 한다는 생각도 들고, 학교에 전화해야 하나 말아야 하나 고민도 된다.'

 아들의 속마음

'우리 담임 진짜 별로다. 우리한테는 관심도 없고, 수업도 대충이고, 평가할 때만 깐깐하다. 처음부터 그렇게 좋아 보이지는 않았는데, 점점 더 별로다. 애들도 다 별로라고 욕한다. 역시, 사람 보는 눈은 다 비슷한가 보다. 그런 줄도 모르고 담임은 실실 웃으면서 수업하는데, 그게 좀 어이없고, 멍청해 보인다. 우리 반 애들은 착한 편이다. 이렇게 착한 애들이 다 같이 싫어한다는 건 문제가 담임에게 있다는 게 확실하다. 애들은 쉬는 시간에 모이기만 하면 담임 욕이다. 하도 들어서 익숙하다. 이런 교사는 학교에서 사라져야 한다.'

아들 : "담임 때문에 짜증 나."

NO 이 말은 참으세요

"야, 선생님께 담임이 뭐야? 담임 선생님이라고 해야지. 그런 버릇없는 말은 어디서 배워왔는지 모르겠네. 애들이 다 쓴다고 따라 쓰면 너도 그냥 딱 그 수준 되는 거야. 그리고, 선생님이 그렇게 할 때는 그럴 만한 이유가 있었겠지, 그걸 그렇게 욕하는 건 아주 못된 행동이야. 그렇게 가르치지 않았는데, 왜 자꾸 이렇게 버릇없게 못된 행동만 하지? 진짜 이해가 안 되네."

YES 이렇게 말해보세요

"속상했겠다. 엄마도 예전에 고등학생 때 역사 선생님이 갑자기 시험 범위가 아닌 단원에서 중간고사 문제 내서 반 애들끼리 선생님 험담했던 거 생각난다. 다들 욕하겠지만 그렇다고 무례하게 행동하는 건 결국 내 수준을 떨어뜨리는 거니까 자제하자!"

아들에게 지금 필요한 건?

아이를 학교에 보내다 보면 물론 좋은 선생님도 많지만 가끔은 불합리하다고 느껴질 만한 일들을 겪기도 합니다. '아들이 괜히 선생님 험담을 하는 게 아니구나'라는 생각이 들어, 부모가 아이와 한 편이 되어 선생님 욕을 하고 싶은 순간도 있어요.

그럴 때, 꼭 어느 한 편에 서야 한다는 부담을 툭 내려놓으세요. 굳이 한 편을 선택하는 무리수를 두지 마세요. 아들은 그날 있었던 특정 사건에 대해 불합리하다고 느끼고 있는 것이지, 선생님에게 개인적으로 서운해한다거나, 그 감정의 앙금이 오래가지는 않을 거예요. 아들이 불만을 품는 부분에 대해 불합리하게 느낄 수 있음을 공감해주고, 비슷한 사례에 관한 경험이 있다면 그걸 말하면서 세상에 얼마나 다양한 사람이 존재하고, 학교라는 곳 역시 사회의 한 부분이라는 것과, 다양한 선생님이 있다는 사실을 느끼고 배우는 계기로 삼으면 됩니다.

무례하게 느껴질 만큼의 심한 언행으로 험담하려는 아들에게는 그런 식의 언어 습관이 상대에게 전달되지 않는다고 해도 결과적으로 자신에게 좋을 건 없다는 사실을 지나치듯 한마디로 일깨워주는 것도 필요합니다. 이런 교훈을 제시하는 어른이 필요한 시기가 바로 사춘기입니다. 아이의 언행 자체를 지적하기보다 앞으로 어떤 식으로 말하고 행동해야 할지에 관한 가르침을 준다고 생각하세요.

13

"아우씨, 졸라 빡치네"

거친 말, 욕설을 아무렇지 않게 하는 아들

> ✔ **이 대화를 통해 아들이 갖게 될 힘**
>
> 자기 조절력, 판단력, 배려심

 **부모의 속마음**

'불량 학생들이나 쓰는 언어로 생각했던 거친 욕을 아들이 쓰기 시작했다. 방에서 혼잣말로 욕하는 걸 엿듣고 놀랐던 날이 지금도 생생하게 기억난다. 처음 듣던 날 제대로 혼내지 않아서 그런가, 아들의 욕은 점점 더 다양해지

고 거칠어진다. 어디서 저런 이상한 말을 배워와서 쓰는 건지 정말 보기 싫어 죽겠다. 남편은 그냥 두라는데, 저런 말을 입에 달고 살다가 진짜 불량 학생이 될 것 같아 불안하다.'

 아들의 속마음

'빡치니까 빡친다고 말한 것뿐인데, 엄마는 왜 갑자기 큰 소리로 화를 내고 뭐라 하는지 모르겠다. 그럼, 욕을 하지 말라고? 세상에 욕 안 하는 사람이 어디 있어. 그리고 엄마도 화나면 나한테 욕할 때 있으면서 내가 욕 쓸 때마다 째려본다. 나는 엄마가 했던 욕 다 듣고 컸는데 억울하다. 그리고 우리 반에서 내가 욕을 가장 적게 쓰는 편인데, 엄마는 그것도 모른다. 애들이 얼마나 욕을 달고 사는데, 그것도 모르고 내 말투가 이상하다고 자꾸 뭐라 한다.'

> 아들 : "아우씨, 졸라 빡치네."

NO 이 말은 참으세요

"야, 너 지금 뭐라 그랬어? 아우씨? 졸라 빡친다고? 너 그런 말 어디서 배웠어? 그런 말을 하면 안 된다고 계속 얘기했잖아. 그런데 왜 자꾸 욕을 하는 거야? 그런 말은 수준 떨어지는 인간들이나 쓰는 이상한 말투잖아. 네가 그런 사람이야? 그런 말을 쓰면 너도 그런 사람이랑 똑같아지는 거야. 욕을 아무렇지 않게 하다 보면 나중에는 사람을 죽여도 아무렇지 않게 생각하게 되는 거야. 범죄자들이 처음부터 그랬을 거 같아? 시작은 다 이런 욕이었다고."

YES 이렇게 말해보세요

"우리 아들 욕 좀 늘었네? 근데 혹시 길에서 큰소리로 욕하고 다니지는 않지? 친구들끼리 가볍게는 좀 할 수도 있긴 한데, 너무 입에 달고 살지는 말자. 교양 있는 남학생 콘셉트도 괜찮은데, 어때?"

아들에게 지금 필요한 건?

어떻게 내가 이런 아들을 낳았을까, 싶을 만큼 욕을 달고 사는 아이를 보면 놀라고 낯선 기분마저 들 거예요. 내가 잘못 키워서 불량 학생이 된 건가 싶은 자책감도 들고요. 사춘기 아들을 둔 엄마들이 공통으로 느끼는 감정이니 일단 안심하세요.

혼내지 마세요. 혼내기 시작하면, 부모 앞에서는 안 할 거예요. 하지만 욕을 끊은 건 아니니, 결과적으로 부모 앞에서만 안 하는 척을 하는 게 되지요. 이 시기 욕에 관한 이해가 필요해요. 교실에서 친구들끼리 욕을 많이 하는 게 보통이기 때문에 욕을 들어도 그게 나쁜 것이라는 사실에 무감각해져요. 그냥 일상 어휘처럼 느껴진답니다. 그만큼 자주 듣다 보면 일부러 하려고 한 적이 없어도 입에서 툭 튀어나오지요. 영어 동영상을 열심히 보던 아이가 어느 날 갑자기 영어 문장을 툭 내뱉는 것처럼 말이에요. (영어는 참으로 사랑스러운데, 욕은 참 듣기 거북해요.)

욕하는 것 자체를 탓하는 게 아니라, 사람들이 많이 모인 곳에서 큰소리로 말하는 것, 말할 때 생각 없이 욕만 하는 것 등에 관하여 짧고 단호하게 부모의 메시지를 전하는 것으로 아들의 생각을 일깨워주세요. 당분간은 들어도 못 들은 척하며, 아이 스스로 어느 정도 걸러낼 때까지 옆에서 기다려주는 것도 기억해주세요.

14

"하기 싫어, 귀찮고 짜증 나"

우울 증상으로 매사에 무기력한 아들

> ✔️ **이 대화를 통해 아들이 갖게 될 힘**
>
> 자기 조절력, 회복탄력성, 실천력

 부모의 속마음

'아들이 점점 무기력해지고 있다. 얼마나 됐을까, 정확
히 기억나지 않는다. 학교도 학원도 친구들이랑도 별문제
없이 지금껏 잘 지내 온 아이인데, 언제부터인지 방에서
나오지 않는다. 크게 싸우고 나서 학원은 결국 정리했고,

135

간신히 학교는 다니고 있는데, 그때 말고는 방에서 거의 나오지 않는다. 치킨을 워낙 좋아해서, 치킨을 시켜주겠다고 하는데도 반응이 별로 없다. 도대체 뭐가 불만인 건지, 어디가 아픈 건 아닌지, 뭐가 부족해서 종일 저러고 누워서 아무것도 안 하는 건지 정말 이해되지 않는다.'

 아들의 속마음

'지친다. 아무것도 하기 싫다. 언제부터 이런 상태가 되었는지는 모르겠는데, 계속 아무것도 하기 싫고 침대에서 일어나기도 싫다. 배고프니까 어쩔 수 없이 먹긴 하는데, 그것도 귀찮다. 왜 이렇게 기운이 없고 멍하고, 게을러졌는지 나도 그 이유는 모르겠고, 그냥 아무 생각 없이 잠만 자고 싶다. 애들이 피시방 가자고 나오라는데 그것도 귀찮고, 엄마는 씻어라, 먹어라, 치우라고 종일 잔소리하는데, 그 소리를 들을 때마다 짜증이 올라온다. 그나마 게임과 유튜브가 있어서 좀 다행이다.'

아들 : "하기 싫어, 귀찮고 짜증 나."

NO 이 말은 참으세요

"너 지금 이러고 방에 틀어박혀 지내는 게 벌써 며칠 째인 줄 알아? 엄마가 언제까지 이걸 참고 봐줘야 하는 거야? 엄마가 참는 데도 한계가 있어. 아니, 엄마가 다른 엄마들처럼 100점을 받아오라 했어? 1등을 하라고 했어? 학원을 뺑뺑이 돌리길 했어? 엄마가 더 시키고 싶은 거 꾹 참고 학원 줄여주고, 선생님께 전화해서 학원 숙제도 줄여줬는데, 그것도 힘들다고 다 그만두고 이렇게 누워만 있는 이유가 도대체 뭐야, 말해! 엄마도 이 정도면 정말 많이 참았어."

YES 이렇게 말해보세요

"요즘 힘들었나 봐. 너무 열심히 해서 휴식이 필요한 거 같아. 기분도 전환하고 체력도 보충하게 먹고 싶은 거나 하고 싶은 거 있으면 언제든지 이야기해. 적극 협조할게!"

아들에게 지금 필요한 건?

제발 나 좀 가만히 내버려 두라고 외치는 듯한 표정의 아들을 볼 때마다 고구마 100개를 먹은 것 같은 답답함이 들 거예요. 제발 저 무기력한 표정 좀 그만했으면 좋겠다고 바라게 되지요. 우울하고 무기력한 상태의 아들에게는 비슷한 경험을 가진 어른의 말이 갇혀 있던 생각을 전환시켜줄 수 있어요.

왜냐하면 이런 상태에서는 '오직 나만 이런 힘든 기분에 사로잡혀 있어'라는 고립된 감정을 느끼게 되거든요. 많은 사람이 경험하는 흔한 일이기도 하고, 앞으로도 또 그럴 수 있다는 점, 부모도 이런 일을 겪었고, 어떻게 헤쳐 나갔는지 부모의 경험담을 들려주는 것만으로도 아이는 자신을 객관적으로 바라볼 기회를 얻습니다. 자기 안의 고민에 깊게 빠져 있을 때는 깨닫기 어렵거든요.

그래서 부모의 비슷한 경험과 해결했던 방법을 들려주는 거예요. 그게 아들에게도 딱 맞는 방법일지는 알 수 없고, 그렇지 않을 가능성도 높아요. 하지만 그럼에도 불구하고 말해주는 이유는 특별하게 보이지 않는 방법을 통해서도 해결될 수 있는 고민거리라는 점이에요. 언제든 부모가 도와줄 수 있으니 편하게 말하라는 메시지를 남겨놓는 것도 중요합니다. 당장 도움을 청하지는 않겠지만 얼마 뒤, 슬그머니 와서 필요한 것들을 얘기하는 아들을 만나게 될 수도 있기 때문이지요.

15

"내 방이라서 내 마음대로 잠그는데, 뭐"

방문을 잠그고 들어가 자기만의 동굴을 만드는 아들

> ✔️ **이 대화를 통해 아들이 갖게 될 힘**
>
> 자기 조절력, 판단력, 배려심

 부모의 속마음

'요즘 자꾸 방문을 잠근다. 잠그지 말라고 했더니 왜 잠
그면 안 되냐고 버럭 큰소리를 내며 따진다. 왜 잠그면 안
되는지 딱히 설명할 말이 떠오르지 않아서 버벅거렸던 게
생각나 창피하다. 아들이 방에 있을 때 문을 잠그면 괜히

신경이 더 쓰인다. 방 안에서 이상한 영상을 보고 있을 것 같고, 공부도 숙제도 안 하면서 계속 게임만 하고 있을 것 같아서 기분이 안 좋다. 문고리를 없애버리고 싶을 때도 있다.'

 아들의 속마음

'내 방에서 혼자 좀 편하게 있고 싶은데 아빠, 엄마, 동생이 노크도 없이 벌컥 열고 들어와서 얘기할 때마다 너무 싫다. 그게 싫어서 문을 잠근 건데, 왜 잠그냐며 문 잠그고 방에서 뭐 하고 있느냐며 뭐라 한다. 문을 열어 놓으면 공부하다가 잠깐 쉬려고 음악 듣는 것도 눈치 보인다. 아무도 내 방에 들어오지 않았으면 좋겠다. 엄마가 뭐라고 할수록 더 문 잠그고 들어가 버리고 싶다. 아빠, 엄마가 어디 멀리 오랫동안 여행이라도 가면 좋겠고, 집안에 나 혼자만 남겨졌으면 소원이 없겠다.'

> **아들 : "내 방이라서 내 맘대로 잠그는데, 뭐."**

NO 이 말은 참으세요

"너, 방문을 왜 잠그는 거야? 예전에도 네 방이었는데, 그때는 안 잠갔잖아. 방에서 문 잠그고 혼자 뭐 하려고 그러는 거야? 너, 문 잠그고 맨날 게임하고 유튜브만 보지? 보면 안 되는 이상한 영상 보고 그러는 거야? 엄마가 뭐라고 하지 않을 테니까 문 잠그지 말고 열어 봐. 그래야 엄마가 들어가서 청소도 해주고, 자는지 어떤지 알 수 있잖아. 그렇게 맨날 방에서 문 잠그고 혼자만 있고 싶으면, 차라리 나가서 혼자 살아. 여기서 왜 이렇게 같이 살고 있는 거야?"

YES 이렇게 말해보세요

"방문을 잠그고 혼자 있으면 갑자기 아늑한 기분이 들지? 엄마도 너 어렸을 때 아빠한테 너 맡기고 안방에서 문 잠그고 드라마 본 적 있었는데, 그때 참 좋았어. 계속 혼자 있고 싶으면 어쩔 수 없긴 한데, 엄마가 노크 꼭 할 테니까 되도록 문은 안 잠그면 좋겠어."

아들에게 지금 필요한 건?

아들이 꼭 대단한 무언가를 숨기고 싶어서 문을 잠그는 게 아니라는 점을 분명히 해두고 싶어요. 우리도 그렇잖아요. 문을 잠갔다는 사실만으로 느껴지는 안정적이고 아늑한 느낌, 하던 일에 더욱 열심히 몰두할 수 있을 것만 같은 기분, 오직 나만의 세계에서 자유롭고 편안한 시간을 보내고 싶은 마음, 아이는 이런 감정 자체를 즐기는 중이에요.

아들의 이런 행동을 부모에 대한 반항, 싫은 감정의 표현으로 오해하는 경우가 있어요. 사춘기 아들은 정말 싫다고 느낄 때 싫다고 말합니다. 혼자 틀어박혀 분을 삭이지 않아요. 문을 잠그고 들어간 아이가 기분이 나빠 식식대고 있는 게 아니라, 혼자만의 시간과 공간에서 편안하고 자유로운 시간을 즐기는 것뿐이에요. 부모에 관한 특별한 감정의 표현이 아니라는 점을 기억하세요.

하나 더! 혹시 너무 자주, 너무 갑자기, 너무 편하게 아들 방문을 벌컥 열고 들어갔던 건 아닌지 점검해볼 필요는 있습니다. 방에서 조용히 드라마 보고 있는데, 수시로 벌컥벌컥 열고 들어와 꼭 필요하지도, 딱히 급하지도 않아 보이는 대화를 시도하는 가족이 있다면 기분이 어떨까요? 부모 자신도 아들에게 그렇게 행동하지 않았는지 생각해보세요.

16

"나만 용돈이 너무 적어. 거지 같아"

친구들의 씀씀이와 비교하며 자신의 상황을 비관하는 아들

> **이 대화를 통해 아들이 갖게 될 힘**
> 자아 존중감, 판단력, 배려심

 부모의 속마음

'물가가 너무 많이 올랐다. 마트에 장 보러 갈 때마다 느껴진다. 그런데 이놈이 돈 무서운 줄 모르고 친구들이랑 놀러 간다고 10만 원이 필요하단다. 세상에, 10만 원? 어이가 없었다. 나 어릴 땐 1천 원짜리 한 장만 있어도 아끼고

아껴서 저금하고 아이스크림 사 먹는 게 전부였는데, 하루 나가서 노는 데 10만 원이 필요하다고? 안 된다고 하고는 5만 원만 쥐어줘서 보냈는데, 조금 더 줄 걸 그랬나? 마음에 걸린다.'

 아들의 속마음

'우리 집이 부자가 아닌 건 나도 알고 있다. 아빠, 엄마는 내가 어릴 때부터 계속 돈 아끼라고, 전기 아끼고 물 아껴 쓰라고 해서 나도 그렇게 하고 있있다. 그런데 친구들은 나보다 용돈을 훨씬 많이 가지고 나온다. 솔직히 부럽다. 지난번에 친구들과 함께 롯데월드에 갔던 날도 애들은 대부분 10만 원씩 가져왔는데, 나만 5만 원이었다. 그거면 충분하다고 엄마가 우겼다. 입장권 사고, 햄버거랑 콜라를 사 먹으니 남은 돈이 거의 없었다. 친구들 사이에서 나만 거지 같았다."

> 아들 : "나만 용돈이 너무 적어, 거지 같아."

NO 이 말은 참으세요

"너 진짜 거지가 어떻게 사는지 한번 겪어 볼래? 네가 우습게 여기는 이 돈 벌려고 아빠, 엄마가 얼마나 고생하는 줄 알아? 용돈을 주면 감사한 줄을 알아야지, 적다고 불평하면 주려다가도 주고 싶은 마음이 싹 사라진다고. 그리고 네 친구 부모님은 도대체 생각이 있는 거야? 없는 거야? 애들한테 10만 원을 줬다고? 그분들은 재벌인가 보네. 너도 부러우면 그 집 가서 아들 시켜달라 그래. 엄마는 그렇게는 못 줘. 와, 진짜 말세다, 말세야."

YES 이렇게 말해보세요

"친구들이 대략 어느 정도 가지고 다니는지, 얼마를 받고 싶은지 엄마한테 알려줘. 달라는 대로 다 줄 수는 없지만 네가 얼마를 원하는지는 알아야지. 아빠 퇴근하고 집에 오면 우리 함께 용돈에 관해 의논해보자."

아들에게 지금 필요한 건?

사실, 아들의 요구가 무리한 게 아닐 수도 있어요. 요즘 중학생들 용돈이 얼마나 높아졌는지, 얘기를 들을 때마다 깜짝깜짝 놀라곤 합니다. 물가가 오른 탓도 있고, 중학생들의 씀씀이가 커지기도 했고, 부모 중에는 나가서 기죽지 말라고 넉넉히 주는 분도 있습니다. 그러니 상대적으로 돈을 적게 가진 아이들은 얻어먹으면서 위축되거나, 자존심이 상해서 집에 일찍 돌아오거나 하는 게 보통이에요.

그런 아이를 볼 때마다 여러 생각이 드는 게 부모의 마음이지요. 우리 아들만 너무 초라하고 기죽어 다니는 거 아니야? 하는 마음이 들다가도 또, 아무 생각 없이 펑펑 돈을 써대는 아들을 보면 후회하게 되고 말이죠. 그래서 우리는 다시 협상 테이블에 앉아야 합니다. 아이가 달라는 대로 다 줄 수는 없겠지만, 최소한의 범위에서 용돈 인상에 관한 대화를 해 볼 수는 있겠지요. 되도록 아빠와 다른 가족이 동석한 자리에서 서로의 한 달 용돈에 관해 동

등한 입장에서 대화를 나누는 것이 좋아요. 아들은 이 대화를 통해 '내가 생각 없이 썼던 큰돈은 우리 집 생활비에서 제법 높은 비중을 차지한다'는 사실을 인지하게 되고, 친구들을 따라 소비하느라 무감각했던 돈에 관해 다시 생각해보는 계기를 갖게 된답니다.

17

"멋 부리면 안 되는 이유가 뭔데?"

외모를 가꾸는 일에 지나치게 시간과 에너지를 많이 쏟는 아들

> ✔️ **이 대화를 통해 아들이 갖게 될 힘**
>
> **자아 존중감, 자기 조절력, 판단력**

 부모의 속마음

'무슨 아들 녀석이 하루에도 몇 번이나 거울을 보는지 모르겠다. 씻으라고 해도 안 씻어서 냄새나던 놈이 이제는 야 작정하고 멋을 부리고 있으니… 어느 게 더 나은 건지 잘 모르겠다. 인터넷에서 발견한 옷을 결제해달라고 조르

고, 내가 사다 준 외투는 입지도 않고, 얇디얇은 점퍼를 어
디서 사 왔는지 그걸 입고 덜덜 떨고 있다. 쌤통이다 싶긴
한데, 이번에는 또 파마를 해달라고 조르고 있다. 아니, 나
도 파마할 시간이 없는데, 이게 무슨 상황이람.'

 아들의 속마음

'지금보다 더 멋있어지고 싶다. 키는 어떻게 할 수 없지
만, 여드름 치료를 해서 피부를 좋게 만들고, 머리 스타일
을 좀 더 세련되고 멋있게 바꾸고 싶다. 엄마가 사다 주는
옷은 마음에 안 든다. 소심한 모범생이나 입을 것 같은 촌
스러운 색깔의 청바지와 신발은 내 스타일이 아니다. 파마
랑 염색도 살짝 하고 싶고, 책가방도 조금 더 고등학생 느
낌 나는 멋진 디자인으로 새로 사고 싶다. 이렇게 해서 멋
지게 하고 다니면 보기도 좋고, 인기도 많을 텐데 엄마는
거울 볼 시간이 어디 있냐고 뭐라 한다. 멋 부리면 안 되는
이유가 뭔지 정말 모르겠다.'

아들 : "멋 부리면 안 되는 이유가 뭔데?"

NO 이 말은 참으세요

"학생이 공부나 하지 무슨 멋을 부리겠다고 이렇게 난리야. 거울을 하루에 몇 시간이나 붙들고 있는 거야? 멋 부리고 여자 친구 사귀고 그러는 건 나중에 어른 되면 지겹도록 할 수 있는데, 지금 이렇게 멋 부리고 거울 보느라 성적 안 나와서 대학 못 가면 그게 결국 네 손해야, 알아? 뭐가 더 중요한 건 줄도 모르고 이렇게 정신을 못 차려서 어디 대학이나 가겠어? 네가 아이돌을 할 것도 아니잖아. 그렇게 제대로 할 거 아니면 멋 그만 부리고 정신 차려서 공부나 더 해."

YES 이렇게 말해보세요

"안 된다고 한 건 아니야. 외모를 깔끔하게 하면 기분이 좋은 건 사실이지. 엄마가 걱정하는 건, 거울만 보느라 학원 숙제랑 운동 시간을 지키지 못했던 것 때문이야. 세뱃돈 받은 걸로 외투랑 운동화 사느라 다 쓴 것도 지나치다

고 생각되는데, 넌 어때?"

아들에게 지금 필요한 건?

사실, 멋을 부리면 안 되는 건 아니죠. 머리도 안 감고, 덥수룩하게 하고 다니는 것도 엄마 눈에 보기 싫은 건 마찬가지니까요. 이왕이면 깔끔하게 하고 다니는 정도는 환영하는데, 문제는 멋 부리고, 옷 고르느라 너무 많은 시간과 에너지를 낭비하는 모습을 지켜봐야 한다는 거예요.

아무 생각 없이 쓰는 시간과 돈의 소중함에 관해 일깨워주는 대화가 필요해요. 할 일을 다 해놓지 않고 거울 보고, 꾸미는 일에만 시간을 쓰는 것의 문제점, 내 돈이라고 해서 가진 돈을 전부 다 써버리는 행동이 가져올 결과 등에 관해 일깨워주세요. 이후의 행동 변화는 아들의 몫이고, 시간이 얼마나 걸리게 될지는 지금 당장 알 수가 없어요.

옷을 사는 데 쓰는 돈, 아침에 일어나 거울을 보는 데 드는 시간 등을 기록하고 점검해보는 것도 좋습니다.

아이가 스스로 해볼 수 있도록 혼내기 위함이 아니라, 단순 기록을 위함이라는 말로 시작하되, 많은 시간과 돈이 그곳에 사용되었다는 사실을 아들 스스로 깨닫게 해주세요.

• 3장 •

멀티미디어
사용 습관

나도 모르게 손에 들고 한참을 빠져 보게 되는 스마트폰, 아이도

그 심각성을 모르지 않아요. 조절하지 못하는 자신을 한심하게

생각하고, 이제는 그만해야겠다고 다짐도 하지만 뜻대로 되지

않을 뿐이랍니다.

사춘기 아들에게 크게 혼을 내거나 무섭게 화를 낸다고 해서

순순히 그 행동을 고치지 않아요. 이제 그런 나이가 아니기에

작전을 바꾸길 추천합니다. 아이에게 자율성과 선택권을 주되,

어떻게 개선해가야 할지 고민하고 생각하는 기회가 필요하답니다.

이렇게 말해주는 것으로 기회를 주세요.

18

"한 판만 더 할게. 딱 한 판만"

약속된 게임 시간을 지키지 않고 더 요구하면서도 당당한 아들

> ✔ **이 대화를 통해 아들이 갖게 될 힘**
> 자기 조절력, 계획성, 실천력

 **부모의 속마음**

'하여간 게임을 한번 시작하면 약속한 시각을 지키는 법이 없어요. 매일같이 한 판만, 한 판만 하고 조른다. 도대체 언제까지 저놈의 한 판 타령을 들어야 할까. 지긋지긋하다. 마음 같아서는 저놈의 스마트폰을 다 부숴버리고 싶

다. 저것만 아니면 이렇게까지 싸울 일도 없을 텐데 괜히 스마트폰 사줬다가 착했던 우리 아들이 완전히 게임 중독자가 되어버린 것 같다. 게임을 아예 못하게 해야 하나? 고민이 많다.'

 아들의 속마음

'진짜 딱 한 판만 더 하고 마무리하려고 했고, 한 판 하는데 10분이면 되는데, 왜 그걸 가지고 계속 뭐라고 하는지 이해가 안 된다. 엄마는 게임을 안 좋아하니까 게임이 얼마나 재미있는지 이해를 못 한다. 게임을 하면 스트레스도 좍좍 풀리고 진짜 좋은데, 게임을 할 때마다 무슨 정신 나간 사람 취급하고 한숨을 푹푹 쉰다. 나도 엄마가 드라마 남자 주인공 멋있다고 난리를 떨 때마다 너무나도 이상해 보이지만 아무 말도 안 하고 참는 건데….'

아들 : "한 판만 더 할게. 딱 한 판만."

NO 이 말은 참으세요

"너, 어제도 한 판만 더 한다고 해놓고 세 판 더 했던 거 기억 안 나? 오늘은 안 돼. 절대 안 돼. 너 같은 사람을 게임 중독자라고 하는 거야. 자기가 하려고 했던 만큼만 해야 하는데, 계속 더 하고 싶은 마음을 조절 못 하는 사람을 게임 중독자라고 하는데, 지금 네가 딱 그 꼴이야. 너 진짜 게임 중독자 되서 폐인처럼 방에 틀어박혀 게임만 하면서 살 거야? 정말 그렇게 살고 싶어?"

YES 이렇게 말해보세요

"한창 재미있을 때 중단하기는 정말 어려운 것 같아. 한 판 더 하고 싶은 그 심정, 너무 이해되네. 근데, 자기와의 약속을 지켰을 때의 쾌감도 되게 크다. 아들 스스로 딱 한 번만 게임을 끄고 스마트폰을 방에 두고 밖으로 나와 봐. 기분이 새로울 걸."

아들에게 지금 필요한 건?

일단은 공감해주세요. 게임을 좋아하고 즐겨하는 부모는 잘 알고 있겠지만, 한참 재미있는 게임을 약속한 시각이 다 되었다는 이유로 중단한다는 건 정말 힘든 일이랍니다. 그렇기에 충분히 공감해주어야 합니다. 그래야 대화가 진전될 수 있고, 아들의 행동에 변화가 찾아올 수 있어요. 게임에 관한 경험이 없는 부모라면 드라마 정주행의 경험, 커피를 끊지 못한다거나, 다이어트에 실패하는 등의 '자기 조절이 어려운 상황'에 관한 경험담을 솔직하게 나눠야 합니다.

아이가 이미 경험했을 수도 있지만, 자신과의 약속을 지켰을 때만 느낄 수 있는 독특한 종류의 만족감에 관해 넌지시 설명해주세요. 씨도 안 먹힐 거라 생각되겠지만, 아들은 모두 듣고 있어요. 들은 모든 것을 행동으로 바로 옮기기 힘들어할 뿐, 아들 안에 차곡차곡 쌓여가고 있다고 생각하세요. 그래서 좋은 말을 짧게 건네는 과정을 반복하는 것이랍니다.

"한 판 더"를 외치는 아들에게 때마다 안 된다고 하는 것, 때마다 부탁을 들어주는 것 모두 추천하지 않습니다. 이번에 한 판 더 허락해줬다면, 다음번에는 그러지 않기로 약속하거나 이번에 허락해주지 않을 거라면 주말에 게임을 기대하도록 적절한 선에서 협상이 필요합니다.

19

"애들은 훨씬 많이 해.
"나는 진짜 조금 하는 편이야"

친구들이 많이 한다는 이유로
스마트폰 사용에 문제가 없다는 아들

✓ **이 대화를 통해 아들이 갖게 될 힘**

자기 조절력, 자아 존중감, 계획성

 부모의 속마음

'대체 요즘 애들은 스마트폰을 하루에 몇 시간을 한다는
거야? 아들 친구의 부모는 애 관리를 아예 안 하는 건가?
친구들이 오래도록 하니까 자기도 많이 하겠다고 당당하
게 우기는데, 진짜 말이 안 통한다. 스마트폰이 얼마나 안

좋은 건지 아무리 말을 해도 귓등으로 흘리고 하루에 세 시간만 하기로 한 약속은 벌써 언제였는지 기억도 안 난다. 이대로 학년 올라가면 점점 더 심해질 게 뻔한데, 이제라도 저 스마트폰을 뺏어버려야 하는지 매일 고민이다.'

 아들의 속마음

'애들 진짜 장난 아닌데, 나는 거의 우리 반에서 제일 조금 하는 편인데, 엄마는 그것도 모르고 나한테 스마트폰 중독이라고 한다. 친구 집에 가서 놀다 보면 대부분 각자 스마트폰 하면서 논다. 물론 엄마한테는 애들이랑 보드게임을 하고 왔다고 둘러댄다. 그래야 엄마가 잔소리를 안 하니까. 엄마는 다른 건 말이 좀 통하는 편인데, 유독 스마트폰에 대해서는 너무 뭐라고 한다. 엄마 어렸을 때는 스마트폰이 없었다면서 자꾸 옛날이야기만 한다.'

> 아들 : "애들은 훨씬 많이 해. 나는
> 진짜 조금 하는 편이야."

NO 이 말은 참으세요

"게네들이 정신 나간 거야. 야, 생각해봐. 매일 스마트폰을 다섯 시간씩 꼬박꼬박한다는 게 상식적으로 말이 되냐? 그거 중독이야, 게네들 정상 아니야. 비정상인 애들을 기준으로 해서 게네들보다 낫다고 문제가 아니라고 우기는 게 지금 얼마나 이상한 건 줄 알아? 너도 게네처럼 중독자 될 거야? 그리고, 너희 반에 스마트폰 안 쓰는 애들도 있다며. 게네 공부 잘하지? 비교는 그런 애들이랑 해야지, 어디서 이상한 애들 얘기를 꺼내고 있어."

YES 이렇게 말해보세요

"그 말이 사실이라면, 너 정도면 진짜 적게 하는 게 맞네. 그래도 세 시간씩 매일 쌓이면 1년이면 1,095시간이야. 시간도 돈도 조금씩 없어질 땐 모르다가, 그게 모이면 엄청나게 커지더라. 지금 세 시간, 딱 좋아."

아들에게 지금 필요한 건?

아들 본인이 적게 한다고 우기기 시작하면 깔끔하게 인정해주세요. 세 시간도 적은 건 아니지만, 그 이상 훨씬 더 많이 하는 애들이 수두룩한 것도 사실이긴 하거든요. 사실은 사실로 인정하고, 우리는 더 고수답게 대화하도록 하죠.

아들은 숫자에 민감하고, 숫자를 신뢰해요. 하루에 다섯 시간씩 게임을 할 때 어떤 일이 벌어지는지 생각해본 적 없을 아이에게 굳이 계산기를 꺼내어 큰 숫자를 만들어 보이는 것도 하나의 자극제가 될 수 있어요. 눈으로 숫자를 확인하는 것과 막연하게 안 좋을 거라는 얘기를 듣는 것의 차이죠.

친구들 험담은 하지 마세요. 이 시기는 친구들과 자신을 동일시하고, 친구를 부모보다 더 좋아하기 때문에 친구에 대한 비난은 반감을 크게 가져올 수 있거든요. 그 친구들의 인생을 비난하는 것으로 아이를 깨우치게 하는 방법은 통하지 않을 거란 말이에요.

167

내 아들의 인생에 관한 얘기, 이대로 계속 시간이 흘렀을 때 어떤 결과가 나타날지 등 사실에 근거한 대화를 차근차근 나눠주세요.

20

"엄마도 스마트폰 중독이잖아"

부모의 모습을 지적하는 것으로 당당함을 장착한 아들

 이 대화를 통해 아들이 갖게 될 힘

자기 조절력, 판단력, 배려심

 부모의 속마음

아빠 : '회사에서 받는 스트레스가 점점 심해진다. 이러다 못 견디면 그만두게 되겠구나, 싶을 만큼 힘들다. 야근 마치고 집에 와서 씻고 소파에 누워 한두 시간 게임을 하거나 텔레비전을 멍하니 보고 나면 좀 숨이 쉬어진다.'

엄마 : '아이가 중학생이면 엄마는 이미 대입 정보를 꿰고 있어야 한다는데, 나만 잘 모르는 엄마인 것 같아 마음이 조급해진다. 유튜브 영상을 찾아보는 시간도 오래 걸리고 눈도 침침한데, 아들은 왜 이렇게 맨날 유튜브를 보냐고 지적질이다.'

 **아들의 속마음**

'엄마는 맨날 교육정보 찾아본다는 핑계로 유튜브만 보고 있고, 아빠는 매일 게임을 한다. 엄마는 유튜브 중독, 아빠는 게임 중독 같다. 물론 나도 한다. 그런데 나만 혼난다. 나만 시간제한이 있다. 아빠, 엄마는 언제든 자유롭게 스마트폰을 사용하면서 나만 제한하는 건 불공평한 일이다. "학생은 공부해야 하니까"라고 말씀하지만 그렇게 따지면 아빠와 엄마는 날마다 일을 해야 하고, 밥하고, 청소해야 하는데, 쉴 때도 많고 시켜 먹을 때도 많다. 아무리 생각해도 불공평하다.'

> ## 아들 : "엄마도 스마트폰 중독이잖아."

NO 이 말은 참으세요

"야, 내가 이거 누구 때문에 이렇게 보는 건 줄 몰라서 그래? 엄마, 지금 엄마가 보고 싶은 드라마도 못 보고 바빠 죽겠는데, 너를 위해서 유튜브 영상 찾아보는 거야. 나도 이거 재미없고 힘들어서 그만하고 싶은데 아주 그냥 징글 징글하다. 이런 거 안 찾아봐도 알아서 척척 잘하는 애들도 많던데, 너는 그렇게 안 하니까 지금 엄마가 이러고 있는 거잖아. 근데, 어디서 지적질이야?"

YES 이렇게 말해보세요

"아우, 눈 아파. 엄마 요즘 유튜브 진짜 많이 보지? 확실히 눈이 침침해진다. 유튜브에 정보가 많아서 좋긴 한데, 너무 많으니까 오히려 헷갈리는 거 같아. 엄마한테 중독이라고 말해줘서 고마워."

아들에게 지금 필요한 건?

아들이 보기에 스마트폰 중독 같다면, 그럴 수 있어요. 아들은 사실을 숨기지 못하고 직설적으로 표현해서 상대를 난처하게 할 때도 있지만, 아닌 사실을 굳이 꾸며가며 상대를 비난하지는 않아요. 그럴 만큼 상대방에게 큰 관심이 있는 게 아니기 때문이지요.

아빠, 엄마가 스마트폰 중독임을 인정한다면 아이 앞에서 쿨하게 인정하고, 고마워하는 멋짐을 보여주세요. 사실, 요즘 웬만한 가정의 아빠, 엄마들은 아이만큼이나 스마트폰 중독인 경우가 많습니다. 아들도 다 보고 있고, 느끼고 있고, 본인만 그렇지 않다는 사실을 알고 있어요. 그런 아이 앞에서 굳이 아닌 척해봤자 진정성만 떨어질 뿐이지요.

아들을 위해 어쩔 수 없이 스마트폰에서 교육정보를 찾는 중이라는 건 사실이긴 하지만 변명으로 들리기 쉬워요. 교육정보는 스마트폰 안에만 있는 건 아니라는 사실쯤은 아들도 알고 있거든요. 그리고, 그렇게 해서 얻은 교육정보를 자신에게 적용하기 위해 또 피곤한 숙제가 하나 더 늘겠구나, 하는 불길한 짐작을 더 하게 만들 뿐입니다.

아빠, 엄마도 인정하면서 스마트폰 사용을 자제하도록 노력해볼 테니 아들도 같이 사용 시간을 줄여보자고 제안해보세요. 아들의 지적을 잘 활용하는 것을 추천합니다.

21

"나가기 귀찮아. 그냥 집에 있을게"

스마트폰 게임 외에 다른 취미를 거부하는 아들

✔ **이 대화를 통해 아들이 갖게 될 힘**

회복탄력성, 실천력, 배려심

 **부모의 속마음**

'삼겹살 먹으러 가자고 해도 귀찮다, 할머니 댁에 가자고 해도 귀찮다, 바람 좀 쐬러 가자고 해도 귀찮다. 오직 귀찮다는 말만 하고, 간신히 데리고 나가도 계속 음악을 듣거나 스마트폰만 붙잡고 있다. 집에만 있으려는 아들의

속마음을 나는 안다. 종일 자유롭게 스마트폰만 붙들고 있으려는 거겠지. 몇 년 전만 해도 가족 다 같이 여기저기 구경 다니는 재미로 살았는데, 힘들어도 그때가 정말 좋았구나 싶다.'

 아들의 속마음

'아빠, 엄마 때문에 귀찮다. 등산은 최악이고, 여행도 재미없다. 그냥 집에서 게임 하다가 배고프면 치킨 시켜 먹고 싶은데, 자꾸 등산하고 내려와서 도토리묵무침을 먹으러 가자고 한다. 나 좀 그냥 내버려 두면 안 될까? 어차피 내가 안 따라가면 아빠, 엄마도 자유롭고 좋은 거 아닌가? 초등학교 때 따라가고 싶다고 할 때는 안 된다고 하더니, 이제는 싫다고 하는데 계속 끌고 나가려고 한다. 아, 정말 딱 일주일만 집에서 아무도 없이 혼자 지내고 싶다.'

아들 : "나가기 귀찮아. 그냥 집에 있을게."

NO 이 말은 참으세요

"너 아빠, 엄마 나가라고 하고 집에서 계속 게임하려고 그러지? 다 알아. 꼼수 부리지 말고 얼른 옷 입고 따라 나와. 너처럼 종일 집에 틀어박혀서 게임만 하는 사람을 폐인이라고 하는 거야. 너 진짜 폐인처럼 살고 싶어서 그래? 너, 엄마 친구 아들 종혁이 형 몰라? 그 형이 맨날 집에 처박혀서 게임만 하다가 결국 대학도 못 가고 지금 얼마나 불쌍하게 사는 줄 알아? 너도 그렇게 되고 싶어서 그런 거야?"

YES 이렇게 말해보세요

"집에 혼자 있고 싶구면. 자, 오케이. 그럼 협상하자. 오늘은 아빠, 엄마가 지금 나가서 저녁 먹고 돌

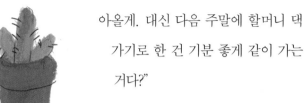

아올게. 대신 다음 주말에 할머니 댁 가기로 한 건 기분 좋게 같이 가는 거다?"

아들에게 지금 필요한 건?

사실 아이가 정말 혼자 있고 싶은 건 맞아요. 우리도 정말 혼자 있고 싶을 때가 있잖아요. 특히나 아이들 한창 어릴 때 생각해보면 집 안에 나 혼자 30분만 있어도 숨이 쉬어지겠다 싶은 순간이 있었잖아요. 아들도 지금 그런 시기인 건 확실하고요, 우리가 주의 깊게 봐야 하는 건 스마트폰 말고 다른 낙이 없는 건 아닌지랍니다. 스마트폰을 하면서 편안하게 혼자 쉬는 건 몹시 나쁘지 않은 취미예요. 그런데, 그것 말고 다른 무엇을 해야 할지 잘 몰라서 오직 그것에만 몰두하고 있는 거라면 부모의 관심과 개입이 필요합니다.

친구들도 모두 각자 집에서 스마트폰을 하고, 같이 모여 놀 때도 각자의 스마트폰에 빠져 있는 경우가 많아지다 보니, 요즘 아이들은 스마트폰이 아니면 무엇을 해야 할지 모르는 게 사실이에요. 우리 어릴 때처럼 골목에 모여서 놀아본 경험도, 운동장에서 공을 차본 경험도 모두 적습니다. 환경이 달라졌으니 아이들을 탓할 수만은 없어요.

치우치지 않도록 협상해주세요. 오늘은 네가 원하기

때문에 혼자 편하게 시간을 보내는 것은 좋지만, 다음 주말에는 다 같이 여행을 가자, 맛있는 걸 먹으러 다녀오자고 하면서 미리 약속을 하는 거죠. 원하지도 않는 가족 모임에 갑자기 끌려가 투덜거리고 앉아 있는 아이와 큰 싸움을 하지 않을 수 있는 거의 유일한 방법이랍니다.

22

"이 정도는 애들 다 봐"

노출 수위가 심한 영상을 보다가 들키면
오히려 큰소리치는 아들

✔ **이 대화를 통해 아들이 갖게 될 힘**

자기 조절력, 책임감, 판단력

 부모의 속마음
- - - - - - - - - - - - - - -

'아들이 4학년 때, 유튜브 검색창에 엉덩이, 찌찌, 여자 가슴 등을 검색한 흔적이 남아 있었다. 너무 놀라 크게 화를 내면서 혼냈다. 아들이 변태가 될 것 같은 불안감이 들었고, 그런 것을 봤다고 생각하니 아이가 너무 징그럽게 느껴졌다. 요즘도 계속 그런 영상을 찾아보는 것 같다. 방문을 잠그고 있으면 19금 영상을 보는 것 같아 기분이 안 좋다. 남편은 괜찮다고, 다 그런 거라고 하는데 그게 더 짜증스럽다. 남자들은 정말 이해가 안 된다.'

 아들의 속마음

'애들이 자꾸 영상을 보낸다. 처음부터 보려고 했던 건 아닌데, 보고 싶어지는 영상이 너무 많다. 애들은 맨날 이런 영상을 본다. 나도 처음에는 좀 찔렸다. 아직 학생인데 이런 걸 봐도 되나 생각했는데, 애들이 맨날 보는데도 별일 없는 걸 보니 나도 점점 더 자주 보게 된다. 사실, 이걸 몇 년 더 일찍 보는 거랑 어른이 되어서 보는 거랑 큰 차이가 없을 거 같다. 나도 알 건 다 아는데 말이다."

아들 : "이 정도는 애들 다 봐."

NO 이 말은 참으세요

"너는 이게 지금 괜찮다고 생각하는 거야? 애들이 다 보면 너도 봐도 된다고 생각해? 아무리 애들이 다 해도 너 스스로 나쁜 행동이라고 생각되면 너는 하지 말아야 하는 거 아니야? 애들이 사람을 죽이면, 너도 죽이겠네? 아직 중학생밖에 안 된 애가 벌써 이런 거나 보고 있고 도대체 머릿속에 뭐가 들어 있는지, 무슨 생각하는지 모르겠네. 벌써 이러면 나중에 어쩌려고 이러는 거야?"

YES 이렇게 말해보세요

"그렇구나. 너무 자주 보면 안 좋다는 건 알지? 보고 싶은 마음이 드는 건 이해가 되는데, 너 스스로 조절하면서 적당히 하면 좋겠어. 자극적인 영상은 한 번만 봐도 굉장히 오랫동안 잊히지 않아서 중독되기 쉽다고 하더라고."

아들에게 지금 필요한 건?

사춘기는 성적 호기심이 최고조에 달하는 시기가 맞습니다. 이 호기심이 시작된 시기는 아이마다 다르지만, 사춘기 호르몬의 영향을 받는 이즈음 모든 아들의 관심은 성적인 것을 향합니다. 아빠는 같은 과정을 겪으며 성장했지만, 엄마에게는 낯선 모습이지요. 그로 인해 아들에 관한 거부감이 들게 되기도 합니다. 그래서 적어도 이 부분에 관해서 만큼은 아빠가 한 발 앞으로 나갈 차례입니다.

그렇다고 엄마가 나 몰라라 하는 것도 추천하지 않아요. 아빠가 성교육을 맡고 있더라도 일상의 여러 부분에서 엄마와 생활의 전 영역에 관해 더 자주 소통하는 게 보통이니 엄마도 성적인 부분과 관련하여 마음의 준비, 대화의 준비를 해두는 게 좋습니다.

친구들의 행동을 들어 합리화하려는 아들을 공격하지 마세요. 이건 어른들도 흔히 하는 대화의 방식이며, 아이도 본 게 있어서 비슷한 답을 했을 가능성이 높습니다. 친구들의 어떠함에 반응하지 말고, 이런 영상을 지속적으로 봤을 때 생길 수 있는 위험함, 염려되는 부분에 대해서만 간결하게 말씀하세요.

계속 그런 영상을 보고 있다는 사실을 엄마, 아빠가 알고 있음을 느끼게 하기 위한 목적도 있어요. 누구도 의식하지 않고 마음껏 볼 수 있는 환경에 놓인 것과 어른의 시선을 살피고 자제해야 하는 환경에 놓인 것은 큰 차이가 있습니다.

23

"네이버에 나온 거야. 확실해"

온라인상의 정보를 무분별하게 그대로 받아들이는 아들

> ✔ **이 대화를 통해 아들이 갖게 될 힘**
> 자기 효능감, 판단력, 책임감

 **부모의 속마음**

'공부 잘하는 애들은 집에서 뉴스 보고, 신문도 본다는
데, 얘는 어디서 뭐 주워들었다 싶으면 죄다 인터넷 기사에
나온 것투성이다. 나도 보다 보면 자극적이고 이상한 광고
가 막 떠서 조심스러운데, 자꾸 그런 기사들 하나하나 눌러

보느라 시간 잡아먹고 있는 모습을 볼 때마다 지적하기도 조심스럽고, 그렇다고 내버려 두자니 영 신경 쓰이고. 댓글 보면서 낄낄거리고, 댓글에 대댓글을 달고 있고, 베스트 댓글 가고 싶다고 욕심내는 거 보면 정말 한심하다.'

 아들의 속마음

'네이버, 다음 뉴스를 보면 빠르고 편하고 정확하게 세상 돌아가는 걸 다 알 수 있다. 이렇게만 해도 다 알게 되는데 굳이 신문은 왜 보는지 잘 모르겠다. 원하는 기사만 바로바로 찾아볼 수 있어서 시간도 짧게 걸리니까 나는 거의 매일 스마트폰으로 네이버, 다음 기사를 훑어보는 편이다. 또, 댓글도 재미있다. 기사마다 다른 사람들이 남겨 놓은 댓글을 볼 수 있는데, 그 댓글을 보면 기사에 관해 사람들이 어떻게 생각하는지 알 수 있어서 그것도 재미있는데, 엄마는 자꾸 뭐라 한다.'

> **아들 : "네이버에 나온 거야. 확실해."**

NO 이 말은 참으세요

"요즘 네이버랑 유튜브에 가짜 뉴스가 얼마나 많은 줄 알아? 너처럼 다 믿는 멍청한 사람들 낚이라고 이상한 사람들이 가짜 뉴스 만들어서 뿌리는 거야. 그런 거 누가 믿고, 누가 맨날 보나 했더니 그런 사람 여기 있었네. 그리고 네이버나 다음은 다 어른들 보라고 만든 기사인데, 네가 그렇게 맨날 들어가서 보면 안 좋아. 그럴 시간에 신문도 좀 보면 얼마나 좋아. 너 보라고 신문 구독해줬더니 한 달 내내 한 번을 안 보네."

YES 이렇게 말해보세요

"네이버가 빠르고 좋긴 한데, 그 기사들은 속도 경쟁이 엄청 치열하다고 하더라. 그러다 보니 사실인지 확인도 못하고 기사로 내보내기도 해서 나중에 정정하고, 피해자가 생기기도 한대. 일주일에 한 번이라도 종이 신문을 보면 좋겠네."

아들에게 지금 필요한 건?

온라인을 통해 다양한 정보가 쏟아져 나오는 요즘, 시간마다 읽어내기도 어려울 만큼 그 양이 거대한대요, 그런 만큼 누구나 쉽게 포털 사이트에 접속하는 것으로 실시간 기사를 접할 수 있답니다. 문제는 이 정보 모두 사실이라는 것이 확인되지 않은 기사도 다수 포함하고 있다는 점이에요. 혹시 '미디어 리터러시'라는 용어를 들어본 적 있나요? 다른 말로 '디지털 문해력'이라고 하는데요, 온라인상에서 쏟아져 나오는 여러 정보를 비판적으로 읽고, 사실과 가짜를 구분해내는 능력을 말해요.

우리 아들은 아직 디지털 문해력을 갖추지 못했을 가능성이 높은 데 비해 온라인에 접속하는 시간은 갈수록 길어지고 있어, 온라인상의 뉴스와 정보를 무분별하게 받아들이고 그것이 사실일 거라 철석같이 믿고 있을 수 있어요. 본인이 무분별한 가짜 뉴스에 낚일 수도 있다는 사실을 인지시켜주는 것도 부모가 해야 할 일이랍니다. 단순히 "그거 가짜래"라는 말보다는 속도 경쟁을 할 수밖에 없는 온라인 기사의 특징을 설명해주고, 그래서 종이로 된 신문, 주간지 등을 통한 세상 읽기를 지속해야 함을 넌지시 일러주고 환경을 조성해주세요. 그 참에 아빠, 엄마도 종이 신문, 주간지와 친해지면 일거양득 아닌가요?

• • •

"독서의 첫 번째 특징은 모래에 남겨진 발자국과 같다는 점이다.
즉, 발자국은 보이지만 그 발자국의 주인이 과연 이 길에서
무엇을 보고, 무엇을 생각했는지는 알 수 없다.
그러므로 중요한 것은 발자국을 따라가는 것이 아니라
주변에 무엇이 보이는지를 확인하는 것이다!"

_ 쇼펜하우어

• 4장 •
부모와의
관계

아들과 맺어왔던 모든 순간 중 최악의 관계를 경험하는 시기가

사춘기의 3년이 될 거예요. 이 3년을 어떻게 보내느냐에 따라 이후

고등 시기, 성인 시기 나아가 평생의 관계가 결정됩니다. 지금이

평생 중 바닥이기에 나아질 일만 남았다는 긍정적인 마음으로

단단하게 바닥을 다지는 시간을 보내보세요.

반항하고, 따지고, 짜증 내고, 퉁명스럽고, 무관심한 아들의 태도

하나하나에 예민하게 반응하는 건 서로에게 너무 힘든 일이지요.

정도를 지나치는 행동을 보일 때 따끔하게 꾸중하되, 대부분

다정하고 무심한 거리를 유지하세요.

24

"엄마는 몰라도 돼. 대답하기 귀찮아"

일상, 생각, 감정 등을 부모와 공유하기 싫어하는 아들

✔ 이 대화를 통해 아들이 갖게 될 힘
자아 존중감, 판단력, 배려심

 부모의 속마음

'아들 표정이 며칠째 어두운데, 이유를 모르겠다. 좋아
하는 치킨도 사주고, 고민 있으면 얘기하라고 밥 먹을 때
일부러 앞에 앉아 있었는데, 대답이 없다. 참다 참다 궁금
해서 물어보면 몰라도 된다고 대답하기 귀찮다고 하니, 애

가 내 아이가 맞나 싶다. 엄마가 물어보면 조잘조잘 대답하고, 묻지 않은 얘기까지 줄줄 읊어대던 그 아들은 어디 갔을까?

 아들의 속마음

'왜 자꾸 뭘 물어보는 거지? 혼자 좀 쉬려고 방에 있거나, 소파에 앉아 있을 때마다 아빠, 엄마가 자꾸만 뭘 물어보는 게 너무 귀찮고 부담스럽다. 그냥 좀 내버려 두면 안 될까. 궁금해도 좀 참아주면 안 될까. 아무리 생각해봐도 엄마가 궁금해하는 건 엄마가 몰라도 아무 상관 없는, 왜 엄마가 알아야 하는지 이해되지 않는 것들인데, 엄마는 그 것까지 꼭 다 알아내려고 한다. 취조 중인 형사 같다.'

> **아들 : "엄마는 몰라도 돼. 대답하기 귀찮아."**

NO 이 말은 참으세요

"엄마가 몰라도 되는 게 어디 있어? 그래, 네가 도대체 어디서 뭘 하고 다니는지 엄마가 아는 게 당연한 거 아니야? 너, 제 잘난 것처럼 그러는데, 그래 봤자 아직 중학생이고, 미성년자야. 엄마가 네 보호자라고. 엄마가 도와주고 싶어서 물어보는데 뭐, 몰라도 돼? 대체 어디서 배운 예의 없는 말버릇이야? 엄마는 너 밥 차려주고, 도와주는 게 안 귀찮아서 맨날 하는 줄 알아? 귀찮아도 해야지, 너만 생각하냐?"

YES 이렇게 말해보세요

"만약에 엄마가 며칠째 한숨을 푹푹 쉬고 울고 힘들어하면 너도 궁금하고 걱정되겠지? 이건 같이 사는 사람들끼리의 배려야. 서로 신경 쓰이고 걱정되니까 최소한의 정보를 공유하는 거지. 우리 아들도 아빠, 엄마를 배려해줘."

아들에게 지금 필요한 건?
귀찮고 대답하기 싫은데 왜 자꾸 자기한테만 질문하는지 불만스러운 아들에게는 입장을 바꿔 생각해볼 기회가 필요해요. 아무리 사춘기 호르몬이 폭발한 상황이라 해도 부모가 힘들어할 상황을 떠올려 보면 아이도 쉽게 이해가 될 테니까요.

우리는 어른이고, 아들은 아직 미숙한 청소년이기 때문에 우리가 너를 보호해야 할 의무가 있고, 부모는 자식의 책임자이기 때문이라는 논리로 접근하면 거부감이 생길 수 있어요. '나는 이제 더 이상 어리지 않아. 나는 부모님의 도움 없이도 혼자 힘으로 얼마든지 잘 살아갈 수 있어.'라고 생각하는 아이에게 부모의 역할, 자식의 도리를 강조해 봤자입니다.

또, 숨 쉬는 것도 귀찮아 죽을 것 같은 사춘기 아들에게, "너만 귀찮은 줄 알아? 나도 귀찮다"는 식의 대화 역시 악영향을 미칩니다. '그렇게 귀찮으면 밥 차리지 말고 시켜 먹으면 되고, 그렇게 귀찮으면 나한테 관심 끄면 되는 거 아니

야?'라고 생각하기 쉬운 시기이기도 하거든요.

그래서 '동거인

에 대한 최소한의 배려'라는 도덕적, 사회적인 관점에서 접근하는 거예요. 배려심이 부족한 친구 때문에 피해를 본 적이 있었던 아이는, 최소한의 배려는 할 수 있다는 마음이 들 거예요. 부모에 대한 효심, 공경, 존경 등의 감정은 잠시 기대하지 않기로 해요.

"어차피 엄마도 잘 모르잖아"

부모의 말을 무시하고 훈계하면 질색하는 아들

> ✔ **이 대화를 통해 아들이 갖게 될 힘**
>
> 자기 효능감, 판단력, 배려심

 부모의 속마음

'요즘 들어 이 자식이 말끝마다 "엄마도 모르면서" 하고 말한다. 그래, 솔직히 모르는 것도 많다. 아이가 공부하다가 안 풀리는 문제를 들고 오면 설명하기 어렵고, 요즘 세상 돌아가는 속도도 너무 빨라서 따라잡을 수가 없는데, 이 녀석이 엄마도 잘 모른다고 할 때마다 자존심 상한다. 아빠한테는 그런 말을 안 하는데, 나한테만 이런 말을 하는 걸 보니 나만 무시 당하는 것 같아 너무 기분 나쁘고 화가 난다. 아주 그냥 본인이 엄청 대단하게 잘난 줄 알고 있다.'

 아들의 속마음

'어릴 땐 엄마가 세상에서 가장 똑똑한 줄 알았다. 엄마는 원래 공부를 잘했는데, 수능을 망쳐서 대학을 낮춰간 거라고 하기에 진짜 엄청나게 똑똑한 사람인 줄 알았다. 그런데 지금 보니 엄마는 겨우 중학생인 나보다도 모르는 게 많다. 그러니 공부를 잘했었다는 말을 믿을 수가 없다. 그리고, 엄마 어릴 때랑 지금이랑 같나. 엄마는 자꾸 본인 어릴 때는 이랬다고 하는데 그때는 그때고 지금은 그때와 많이 다르다. 잘 알지도 못하면서 요즘 세상에 대해 다 아는 것처럼 말하는 게 좀 어이없다. 모르면 모른다고 하지, 차라리.'

아들 : "어차피 엄마도 잘 모르잖아."

NO 이 말은 참으세요

"너 지금 엄마 무시하냐? 너 그런 버릇없는 태도는 어디서 배웠어? 엄마가 모르긴 왜 몰라. 엄마가 안다고 말을 안 하니까 모른다고 생각하나 본데, 엄마가 배워도 훨씬 많이 배웠고, 공부를 해도 훨씬 많이 했고, 인생을 살아도 훨씬 더 많이 살았어. 너 이제 겨우 중학교 가서 뭐 좀 보고 들었다고 해서 엄마보다 잘났다고 생각하면 그거 엄청난 착각이다."

YES 이렇게 말해보세요

"그러게, 이제는 네가 엄마보다 아는 것도 많아지고, 공부도 많이 하고, 똑똑해져서 엄마한테 설명해줘야겠네. 손흥민 선수처럼 실력 좋고, 겸손하기까지 하면 최고인 건 알지?"

아들에게 지금 필요한 건?

사춘기 아들은 부모의 훈계보다 주변의 사례에 반응합니다. 사람이 겸손해야 하고, 어른에게 예의를 갖추어야 한다는 사실을 모르는 아이는 없지만 행동은 머리와 따로입니다. 당장 눈앞의 엄마는 예전에 뭐든 다 아는 것 같았던 크고 멋진 존재가 아닌 것 같고, 예전에 아무것도 몰라서 어른이 하라는 대로만 하던 꼬맹이는 이제 다 자란 것 같은 느낌이 들거든요.

아들은 엄마를 무시하는 게 아니에요. 본인이 이제 많이 컸고, 많은 것을 알고 있다는 사실을 과시하고 있는 거예요. 감정을 담지 마세요! 아들이 많이 자랐고, 실제로 나보다 많은 것을 알 만한 나이가 되었음을 깔끔하게 인정하는 것으로 대화를 시작하세요. 일흔이 넘어가는 부모의 눈에는 여전히 사십이 넘은 자식도 아이 같아 보이겠지요. 그런데 일흔의 부모가 중년의 자식보다 모든 것을 훨씬 더 잘 알고 있다고 우기는 상황과 크게 다르지 않습니다. 부모 세대에게는 경험과 지혜가, 자녀 세대에게는 최신 정보와 학습 지식이 있는데, 이것은 서로 비교할 만한 대상이 아니기에 아이의 잘난

척은 그저 눈 감고 넘어가 주기로 해요.

손흥민 선수처럼 인성이 바른 유명인의 사례를 툭 하고 던져 주는 것으로 아들이 스스로를 돌아볼 수 있게 해주세요. 반대로, 온갖 입방아에 오르내리는 호날두 선수의 인성에 관한 사례를 공유하는 것도 좋은 대화 방법이랍니다.

26

"다른 애들은 엄마가 뭐라고 안 한대"

잘못을 인정하지 않고 친구들의 사례를 들어 우기는 아들

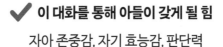

✔ 이 대화를 통해 아들이 갖게 될 힘

자아 존중감, 자기 효능감, 판단력

부모의 속마음

'어디서 뭘 하고 다니면서 이 시간까지 연락도 안 하고 있는지 기다리고 기다리다 전화 한 번 했는데, 그걸 가지고 왜 자꾸 전화하냐고 퉁명스럽게 받는다. 친구들 있을 때 전화 받기 싫으면 알아서 먼저 전화하던가. 그리고 아

무리 시험 끝난 날이라고는 하지만, 중학생들이 밤 11시 넘어서까지 어울려 다니며 노는 건 좀 심한 거 아닌가? 내가 너무 꼰대 같은 건가? 어쨌든 난 아들의 이런 행동도, 자식들의 이런 행동을 꾸중하지 않고 내버려 두는 다른 부모들도 이해되지 않는다.'

 아들의 속마음

'우리 아빠, 엄마는 유독 나한테 간섭이 심하다. 친구들을 보면 부모님 허락도 안 받고 자유롭게 하고 싶은 거 다 하고 놀고 싶은 만큼 늦게까지 노는데, 우리 아빠, 엄마는 "어디서 뭐 하냐", "몇 시에 들어올 거냐", "저녁은 먹었냐", "너무 늦지 않게 들어와라", "피시방 가지 마라" 등등 모든 일을 너무나도 간섭하고 지시한다. 애들이랑 같이 있을 때 우리 엄마 전화만 자주 걸려 와서 부끄러울 때도 많다. 아직도 나를 초등학생처럼 대하는 것 같아서 기분이 좋지는 않다.'

NO 이 말은 참으세요

"그게 뭐, 그러면 그게 잘했다는 거야? 다른 애들은 다 그 집 사정인 거고, 지금 그 얘기가 왜 나와? 시간이 늦어지고, 집에서 저녁을 못 먹게 되면 미리 전화하라고 그랬잖아. 그런데 지금 밤 9시가 되도록 전화 한 통 없다가 엄마가 전화하니까 그런 식으로 퉁명스럽게 받아야겠어? 그리고 진짜 다른 엄마들은 개념이 있는 거야? 없는 거야? 지금 시간이 몇 시인데 다들 집에 안 가고 그러고 있는 거야?"

YES 이렇게 말해보세요

"시험 준비하고 치르느라 고생했는데, 놀 땐 좀 놀아야지. 그런데, 오늘 저녁밥 어떻게 할 건지 미리 연락 달라고 했었잖아. 다들 함께 노는 분위기니까 오늘은 한 시간 더 봐줄게. 다음부터는 귀가 시간 잘 지키자."

아들에게 지금 필요한 건?

귀가 시간으로 실랑이하는 모
습은 사춘기의 대표적인 특징
중 하나입니다. 놀러 나간 아이
는 어떻게든 늦게 들어오고 싶어
할 테니까요. 매일 늦는 게 아니라 어
쩌다 신이 나서 놀고 있는 경우라면 특별히 선심 쓰며
풀어지는 하루를 경험하는 것도 추천합니다. 놀 때 실
컷 놀았다고 느껴야, 공부할 때 집중해서 할 수 있거든
요.

다만, 귀가 시간을 협상할 때는 '계속 이렇게 늦어도
괜찮다'로 착각하지 않도록 분명히 해두는 것이 좋습니
다. 오늘 허락해주는 이유, 연락 없이 늦었을 때의 문제
점, 다음에 지켜야 할 약속을 간결하고 명확하게 전달
한다면, 늦게까지 놀다가 갑자기 전화해 더 놀고 들어
가겠다는 아이와 긴 신경전을 벌이지 않아도 된답니다.

다음번에 또 이런 식으로 귀가 시간을 지키지 않는다
면, "지난번에 허락해줄 때 했던 약속을 떠올려 봐"라고
말하여, 아들 스스로를 돌아보고 자신이 했던 약속을

지키지 않은 상황에 대한 일말의 가책을 느낄 기회도 주세요. 이 과정이 반복되면 아이 스스로 지켜야 할 선이 생기면서 신경전은 점점 줄어들 수 있습니다.

27

"어차피 말해도 안 믿을 거잖아"

부모가 자신을 신뢰하지 않는다고 생각하는 아들

> **이 대화를 통해 아들이 갖게 될 힘**
> 자아 존중감, 책임감, 판단력

 부모의 속마음

'수학 학원에서 전화가 왔다. 요 몇 달 들어 아이가 답지를 베껴서 오는 것 같은데, 혹시 알고 있느냐고 묻는다. 너무 창피해서 순간 얼굴이 붉어졌다. 언제부터 얼마나 베끼고 있었던 걸까. 아들한테 물어보니 절대 그런 적 없다고 딱 잡아떼는데, 그럼 그것도 거짓말이었던 걸까. 언제부터 이렇게 아무렇지 않게 거짓말을 하고 있었을까. 그것도 모르고 학원 다니고, 숙제하느라 고생이 많다고 했던 내가 초라해진다. 이제 아이의 말은 그냥 믿어지지 않는다.'

 아들의 속마음

'나는 분명히 수학 학원 숙제 다 했는데, 문제집이 감쪽같이 사라졌다. 학원에 두고 온 건지, 학교 책상 서랍에 두고 온 건지 도저히 모르겠다. 근데, 문제는 그게 아니다. 엄마가 나를 믿지 않는다. 그래, 내가 지난번에 해설지 보고 베끼다가 걸린 적이 있었기 때문이지만, 지난번에 그랬다고 이번에는 내 말을 믿어주지 않는다. 자세하게 다시 말해보라고 하는데, 어차피 말해도 안 믿을 거란 걸 알기 때문에 엄마한테 문제집 새로 사줄 필요 없다고 소리 지르고 싶은 걸 꾹 참았다.'

아들 : "어차피 말해도 안 믿을 거잖아."

NO 이 말은 참으세요

"못 믿게 만든 게 누군데 지금 엄마 탓을 해? 엄마가 처음부터 이랬어? 처음부터 안 믿었냐고. 너, 학원 숙제 베껴서 제출한다는 거, 엄마가 모르고 있는 줄 알았어? 벌써 예전에 학원에서 전화 왔었는데, 모른 척해준 거야. 바빠서 그랬으면 좀 지나면 그만할 줄 알았지. 그런데, 지금 숙제할 시간 없고, 안 해가면 혼날 것 같으니까 문제집 없어졌다고 거짓말하는 거 맞지? 어딜 엄마를 또 속이려고 해?"

YES 이렇게 말해보세요

"그래, 솔직히 믿어지지는 않아. 네가 학원 숙제 답지 베끼는 것 같다고 학원 선생님께서 그러셨거든. 문제집 잃어버렸다는 건 믿을게. 너 스스로 부끄럽지 않은 정직한 학생이 되면 좋겠다."

210

아들에게 지금 필요한 건?

심증은 있으나 물증이 없는 상황, 아무리 봐도 수상한데 억울한 표정으로 딱 잡아떼는 아들과의 대화를 시작해야 합니다. 생각만 해도 훤히 보이는 신경전이 예상되지요.

섣불리 의심하고 넘겨짚어서 상황을 악화시키지 마세요. 거짓말을 하기로 작정한 이상, 증거를 잡아내어 자백받는 건 어렵고, 상황을 개선하는 데 큰 도움이 되지는 않습니다. 아이의 잘못, 거짓이 밝혀지는 것 자체에 주목하기보다는 앞으로 어떻게 생각하고 행동해야 하는지 일깨워주는 계기로 활용하는 것이 유리합니다.

엄마가 지금 의심하는 이유는 학원에서 전화 받은 경험 때문인 것을 밝히면 괜한 의심이 아니었음을 이해할 거예요. 그땐 그랬지만 지금은 절대 아니라고 말하면 눈 감고 그냥 믿어주세요.

하지만 정말 중요한 것은 어른들의 눈을 피해 거짓으로 행동하는 것이 아들 스스로에게 좋지 않다는 점을 인지시켜주고, 부끄러워서라도 그만해야겠다고 깨닫게 만들어주는 계기로 삼아주세요.

학원 숙제의 양이 워낙 많아, 답지 베껴본 경험이 없는 아이들이 드물 정도입니다. 친구들이 많이 하는 행동이기에, 별일 아닌 것으로 생각하고 있을 수 있다는 점도 기억해주세요.

(28)

"어디야? 배고파"

배고플 때만 엄마(아빠)를 찾고 대화하려는 아들

> ✔️ **이 대화를 통해 아들이 갖게 될 힘**
>
> 자기 조절력, 판단력, 배려심

부모의 속마음

‘내가 식당 이모인가. 아들은 나한테 전화하거나 내가 집에 들어가면 배고프다는 말부터 꺼낸다. 다른 할 말이나 궁금한 건 없고, 오직 배고프니까 먹을 걸 달라고만 한다. 무슨 개를 키우는 느낌이 든다. 먹을 것만 오가는 관계. 밖

에서 이것저것 잡다한 거 그만 먹으라는 말은 안 듣고 툭
하면 편의점에서 맨날 돈 쓰고 다니면서도 나만 보면 또
밥 달라고 성화니 집에 들어와 외투도 못 벗고 쌀을 씻다
보면 내 신세가 처량해진다.'

 아들의 속마음

 '배고픈데, 엄마가 안 온다. 오늘 학원 가는 날인 줄 알
면서 대체 어딜 가셨을까. 요즘은 자꾸 허기진다. 아까 집
에 오면서 편의점에 들러 컵라면도 먹었는데 또 배가 고프
다. 이럴 때 바로 저녁을 든든히 먹고 잠깐 쉬었다가 학원
에 가면 딱 좋은데…. 엄마가 늦으면 밥을 급하게 먹어야
하고, 그러면 학원에서 수업 들어야 하는데 좀 답답하거나
배가 아플 때도 있다. 차라리 아예 늦을 것 같으면 먹을 걸
배달해주면 될 텐데 자꾸 기다리라고만 하니까 싫다.'

아들 : "어디야? 배고파."

"그러니까 학교에서 급식 든든히 먹고 오라고 했잖아. 너 또 대충 먹고 나가서 축구했지? 그러면 당연히 배가 금방 꺼지지. 엄마가 너 밥 주는 사람이야? 사람을 보고 인사도 안 하고 밥 타령만 하고, 아기처럼 배고프다는 말만 하니 이건 뭐 종일 밥 차리고, 간식 챙기다가 늙어 죽겠다. 그리고, 너 요즘 편의점에 왜 이렇게 자주 가? 갔으면 차라리 든든하게 삼각김밥이라도 먹던가. 쓸데없이 맨날 음료수만 사 먹지? 어이구."

YES 이렇게 말해보세요

"요즘 키 크느라 그런가 보다. 그럴 때 단백질을 든든히 먹어주면 좋으니까 편의점에서 이왕이면 든든한 걸로 먹어. 우리 아들 밥 챙겨줄 날도 이제 몇 년 안 남았네. 열심히 챙겨줄 테니까 부지런히 먹고 크자."

아들에게 지금 필요한 건?

아들이 거의 유일하게 먼저 말을 걸어오는 순간이 배고플 때이고, 사춘기 아들은 거의 항상 배가 고프기 때문에 엄마는 서운해집니다. 엄마한테 하고 싶은 말이 배고프다는 말밖에 없는 건지 되묻고 싶어집니다. 그래도 참아야죠. 한참 크려고 배고프다는데 어쩌겠습니까. 그리고요, 배고프다는 말을 달고 사는 건 아이 전체 인생 중에 1, 2년 정도랍니다. 폭발적인 성장기가 한풀 꺾이고 나면 그것도 좀 잠잠해지더라고요.

단 것, 탄산음료, 탄수화물만 달고 살면 건강에 해롭다는 사실을 한 번씩 잊지 말고 일깨워주세요. 단백질은 키에 보탬이 된다는 사실도 알려주고요. 힘들지만 엄마도 최선을 다하는 중이며 앞으로도 노력할 거라는 다짐을 담백하게 전달하세요. 돌아서면 배고픈 아들로서는 맛있는 식사와 간식을 챙겨주는 부모의 존재가 얼마나 든든한지 몰라요. 일단 먹이고 나서 또 대화를 이어가세요. 먼저 아이에게 밥부터 먹이고 봅시다.

• 5장 •

친구와의
관계

누구랑 뭘 하면서 시간을 보내는지 말하기 귀찮아하는 아들과,

어떻게든 더 알아내려고 노력하는 부모 사이에서 신경전이 계속될

겁니다. 왜 내 친구에 관해 설명해야 하는지 이해하기 어려운

아이는 본인이 이미 성인이 된 것처럼 보호자인 부모의

존재를 귀찮게 여긴답니다.

감시하고 간섭하고 못마땅해하는 존재 말고, 과하지 않지만 기분

좋은 호기심을 표현하는 정도에서 멈춰주는 지혜로움과 센스가

필요해요. 일종의 밀당이죠. 자, 그럼 아들과의 밀당의 세계로

들어가 볼까요?

29

"어차피 엄마가 잘 모르는 애들이야"

친구를 부모에게 공개하기 싫어하는 아들

✔ **이 대화를 통해 아들이 갖게 될 힘**

책임감, 판단력, 배려심

 **부모의 속마음**

'친구가 해마다 바뀌고, 이사 오니까 반 친구들도 다 새롭고, 학년 바뀔 때마다 몇 반, 몇 번인지 기억해야 하는데, 친구들 이름까지 내가 어떻게 다 기억할까. 그래도 어떤 친구들이랑 친한지 알고는 있어야 할 것 같아서 좀 물어보

면 맨날 저렇게 귀찮아하고, 기억 못 한다고 타박한다. 내 친구들 이름도 가물가물해서 못 만나고 지내는데, 아들 친구 이름을 하나씩 다 기억해야 하고, 그나마도 자꾸 까먹으니 이 상황은 도대체 뭘까?'

 아들의 속마음

'얘들은 내 친구인데, 엄마는 내 친구들에 관해 너무 자세히 알려고 한다. 이름도 잘 기억하지 못해서 번번이 다시 물어본다. 얘네들 이름을 벌써 몇 번이나 물어보는 건지 모르겠다. 이제는 어차피 기억하지 못할 거니까 자세히 말하지 않는다. 그리고 또 어느 날은 갑자기 친구들 부모님은 무슨 일을 하는지, 엄마도 직장에 다니는지, 동생은 있는지 꼬치꼬치 묻는다. 그런데, 그런 건 나도 모른다. 내가 그걸 왜 알아야 하는지 정말 모르겠다.'

NO
이 말은 참으세요

"알고 모르고는 엄마가 알아서 할 테니까 오늘 함께 에 버랜드 가기로 한 애들 이름 다 대라고. 그리고 그중에 제일 친한 친구 한 명 정도는 휴대폰 번호 좀 여기 적어놓고 가. 어디서 뭐 하고 싸돌아다니는지는 엄마도 좀 알아야 할 거 아니야. 뭔 친구들이 이름도 얼굴도 키도 다 크고 비슷한지 헷갈려 죽겠네. 그리고, 엄마가 다 기억해야 하는 건 아니잖아. 모르면 다시 물어볼 수도 있는 거지, 너는 그럼 엄마 친구들 이름 다 외우냐?"

YES
이렇게 말해보세요

"우리 아들이 좋아하는 친구들인데 엄마가 이름은 알고 있어야지. 지난번에 설명해준 건데, 기억을 못 해서 미안. 친구들이랑 놀러 가는 건 좋은데, 급하게 연락할 일 생길 수 있으니까 친구 휴대폰 번호 좀 알려주라."

222

아들에게 지금 필요한 건?

엄마가 안전의 이유로 친구들에 관해 물어본 것뿐인데, 군이 안 알려주고 가버리는 아이도 있습니다. 사실 아들은 알려준 적이 있었어요. 부모가 기억하지 못하는 것일 뿐. 또 설명해도 어차피 기억하지 못할 거라는 사실을 알고 있는 영리한 아들은 이제 설명하지 않겠죠. 당연하고 평범한 사춘기의 모습입니다. 부모의 모습도 친숙하고요. 아이가 전에 이야기해준 걸 잊어버려서 미안하다고 깔끔하게 사과하는 것도 좋습니다.

그러고 나서 당당하게 요구하세요. 아이의 안전은 우리 가족 전체와 직결되어 있기에 아빠, 엄마가 당연히 알아야 하고, 도와야 하는 문제지요. 그렇기 때문에 어떤 친구들과 함께 가는 건지 기본적인 사항은 꼭 부모에게 알려야 한다는 사실을 이야기해주고 답을 기다려주세요. 물론 바쁘고 호르몬 때문에 깜빡하는 건 이해하지만, 이번에는 아들 친구들 이름도 외워보도록 노력해보세요. 어디에 사는지도요. 아들은 매번 설명하기에는 귀찮아서 정말 짜증이 날 지경이거든요.

30

"같이 놀 애가 딱히 없어"

친구가 없다고 속상해하며 한동안 외로움을 느끼는 아들

✔ 이 대화를 통해 아들이 갖게 될 힘

자아 존중감, 회복탄력성, 자기 효능감

 부모의 속마음

'우리 부부는 친구도 많고, 나가는 모임도 많은 사교적인 사람들인데, 아들은 그걸 안 닮은 듯하다. 초등학교 때도 혼자 놀고, 혼자 다니고, 외롭다고 해서 담임 선생님 상담 때 속상해서 운 적도 있었다. 크게 문제는 없어 보이는데,

왜 친구가 별로 없을까? 외로워하는 아이를 보고 있으면 마음이 너무 아프고 안쓰럽다. 친구가 생기게 해달라고 기도하는데, 올해도 또 혼자 논단다. 힘들면 차라리 힘들다고 말을 하지, 아무렇지 않은 척하는 게 더 마음이 아프다.'

 아들의 속마음

'초등학교 때는 친한 애들이 많았는데, 올해는 없다. 처음부터 없었고, 지금도 계속 없다. 그래서 쉬는 시간에 주로 애들 노는 걸 구경하거나 화장실에 다녀오는데, 요즘 누구랑 친하게 노냐고 엄마가 매일 묻는다. 딱히 놀 만한 애가 진짜 없어서 혼자 논다고 하면 엄마는 표정이 어두워지면서 계속 걱정한다. 친하게 놀 만한 애들이 있으면 당연히 더 재미있고 좋겠지만 없어도 그럭저럭 크게 힘들지 않은데, 엄마가 너무 관심을 보이고 걱정하는 건 부담스럽다.'

> **아들 : "같이 놀 애가 딱히 없어."**

NO 이 말은 참으세요

"그렇다고 혼자 노는 건 아니지? 그래도 쉬는 시간에 같이 놀고 얘기하는 애들은 있는 거지? 사람이 혼자 외롭게 다니면 못 써. 아직 안 친해져서 그런 거지 너도 먼저 다가가서 친하게 좀 지내봐. 사회성도 능력이야. 다른 집 애들은 금방 친해져서 잘만 어울려 다니던데, 어째 너는 매년 그렇게 외롭게 혼자 다녀? 너, 학교에서 뭐 문제 있는 거 아니야? 그럼 엄마가 선생님께 전화로 상담을 좀 해볼까?"

YES 이렇게 말해보세요

"엄마도 중학교 때 친구가 별로 없어서 거의 혼자 놀거나 책 읽거나 그랬었거든. 신기한 게 어떤 해는 되게 외롭다가, 또 다음 해는 친구들이 엄청 재미있고 막 그렇더라. 잘 맞는 친구는 결국 나타나더라고."

아들에게 지금 필요한 건?

잘 맞는 친구가 없어 혼자 논다고 말하는 아들을 보면 너무나 마음이 아프죠. 교실에서 혼자 놀 모습을 상상하면 일이 손에 잡히지도 않고요.

그런데요, 다들 그렇게 조금씩 외로워해요. 인기가 많은 아이는 그런대로 고충이 있고요, 인기가 없으면 아무래도 좀 더 외로움을 많이 느끼죠. 그런데 다행스러운 사실은요, 아들은 딸에 비해 외로움이라는 감정 자체에 좀 무딘 편이에요. 외로워서 일상생활이 중단되거나, 눈물이 나는 지경까지는 가지 않아요. '좀 심심한데, 놀 사람 없나?' 하는 정도라고 생각해도 괜찮습니다.

이 지점에서 여자인 엄마가 과하게 걱정하고 개입하는 것은 말리고 싶습니다. 여자는 남자보다 상대적으로 외로움을 강하게 느끼고, 그래서 지금 아들이 심적으로 많이 힘들고 괴로울 것으로 감정 이입하기도 하는데, 아들 입장에서는 '왜 이러는 거야?'라고 느낄 수 있거든요. 나는 그렇게까지 힘들지 않은데, 왜 엄마가 더 신경 쓰고 힘들어하는지 모르겠다고 생각하기도 해요.

인생에는 생각하지 못한 순간에 예상치 못한 좋은 친

구가 나타나기도 한다는 중요한 사실을 알려주세요. 그 일이 아이의 인생에 언제쯤 나타날지 모른다는 것이 아쉽지만, 그때가 언제 오든 지금은 그저 혼자 놀기도 하고, 친구를 만들기 위해 적당히 노력도 해가면서 지금의 시간을 잘 견디면 된다는 사실도 알려주세요.

31

"애들 다 인스타 하니까 나도 할래"

친구들 사이에서 소외될까 봐 SNS에 집착하는 아들

> ✔ **이 대화를 통해 아들이 갖게 될 힘**
>
> 자기주도성, 자기 조절력, 판단력

 부모의 속마음

'아이의 인스타그램을 우연히 보게 되었다. 무슨 소리인지 알 수 없는 감성의 희한한 소리가 잔뜩 쓰여 있고, 쓸데없어 보이는 사진도 많이 올려놓았는데, 무엇을 위해 이걸 하는 건지 도대체 알 수가 없다. 그러면서도 수시로 인스타그램 앱에 접속해서 좋아요, 댓글, 팔로워 숫자를 확인하는 모습을 보면 너무 한심해 보인다. 저럴 시간에 책이라도 한 장 더 읽으면 얼마나 좋을까.'

 ## 아들의 속마음

'나 빼고 SNS를 다 한다. 나도 하려다가 엄마 때문에 못하고 있다. 이게 무슨 범죄도 아니고, 누구한테 피해를 주는 일도 아닌데 엄마는 왜 그렇게까지 싫어하는지 모르겠다. 애들끼리는 서로 다 팔로우하고 같이 찍은 사진 올리면서 엄청 친하게 지내기 때문에 나만 자주 못 해서 소외되는 것만 같은 기분도 든다. 솔직히 카톡, 인스타 열심히 하는 애들이 더 인기가 많은 건 사실이니까.'

> **아들 : "애들 다 인스타 하니까 나도 할래."**

NO 이 말은 참으세요

"인스타그램은 인생의 낭비라는 말, 못 들어봤어? 세상

제일 한심하고 할 일 없는 사람이 인스타그램에 사진 올리고, 댓글 기다리는 사람이야. 너도 그렇게 한심하게 살 거야? 그리고 진짜 친구는 인스타그램에 '좋아요' 눌러주는 애들이 아니야. 네 진짜 친구는 너희 반 교실에 있잖아. 마음 열고 걔들이랑 사이좋게 지낼 궁리를 해야지, 이건 뭐 시도 때도 없이 인스타그램 접속해서 쓸데없는 짓이나 하고, 아이고 속 터져."

YES 이렇게 말해보세요

"요즘 애들 인스타그램 정말 많이 한다며? 엄마도 한번 해볼까 생각했는데, 막상 시작하니까 시간을 많이 뺏겨서 그리 좋아 보이지는 않던데. 친구들한테 소외당한다는 느낌이 들어서 해볼 수는 있지만 중독되지 않도록 조절하면 좋겠어."

아들에게 지금 필요한 건?
아들은 소외될까 봐 두려워요. 이성에 관한 호기심,

친구 관계에 관한 깊은 마음이 있는 상태이기 때문에 친구들이 모여 소통하는 온라인 공간에 관하여 마음이 드는 것은 당연해요. 그 감정, 그 호기심 자체를 탓하고 혼내지 마세요. 이 시기의 아들이 갖는 자연스러운 모습입니다.

인스타그램을 하게 되면 너무 많은 시간을 쓰다가 공부에 소홀하게 될까 봐 걱정되는 게 사실이지만, 절대로 공부와 엮어서 말하지 마세요. 오히려 역효과가 날 수도 있거든요. 공부 때문에 못 하게 하면 더 하고 싶어지는 게 사춘기의 마음이기도 해요.

어떤 것이든 해보는 건 좋은데, 너무 오랜 시간 동안 몰입하는 것은 좋지 않기 때문에 인스타그램도 그렇다는 식으로 SNS 자체를 특별하게 생각하지 않는 태연함이 필요해요. 매일 일정 시간을 정해서 한다면 좋지만 사춘기 아들이 호락호락하지는 않을 테니 "적당히 해"라는 단호한 멘트들을 잊을 만하면 한 번씩 말해주는 것도 일깨워주는 데 도움이 됩니다.

32

"내가 누구랑 놀든지 무슨 상관인데?"

걱정스러운 친구와의 관계를 묻는 부모에게 불만스러운 아들

 이 대화를 통해 아들이 갖게 될 힘

자아 존중감, 판단력, 배려심

 부모의 속마음
- - - - - - - - - - - - - - -

'요즘 아들이 좀 불안하다. 한눈에 보기에도 불량스러워 보이는 아이들과 어울려 피시방, 노래방에 다니질 않나, 안 그러던 멋을 부리고, 욕도 많이 한다. 아무래도 새로 전학왔다는 그 친구의 영향인 것 같다. 걔랑 안 놀았으면 좋

겠는데, 어제 또 놀러 나갔다. 내내 신경 쓰였다. 이왕이면 좀 착하고 모범적인 애들이랑 놀지, 친구를 사귀어도 꼭 저렇게 아슬해 보이는 애들이랑 어울려서 나쁜 거라도 배우면 어쩌려고 그러는지….'

 아들의 속마음

'전학해 온 애가 있는데, 키도 크고 축구를 잘한다. 게임도 잘하고, 돈도 많은 것 같다. 친해지고 싶다는 생각은 했는데, 어제 그 친구가 같이 피시방 가자고 해서 놀았다. 생각보다 훨씬 재미있고, 좋은 애라고 생각했는데, 엄마는 그 친구와 안 놀았으면 좋겠다고 한다. 걔가 길에서 침을 뱉고, 큰 소리로 욕하는 모습을 봤다면서 그런 애들이랑 어울리면 안 된다고 한다. 내 친구니까 내가 선택하는 건데, 내가 누구랑 노는지 엄마가 왜 상관하는지 이해가 안된다. 엄마가 뭐라고 해도 나는 걔랑 또 놀 거다.'

아들 : "내가 누구랑 놀든지 무슨 상관인데?"

NO 이 말은 참으세요

"상관이 없긴 왜 없어? 네가 이상한 애들이랑 어울려서 사고 치고 다니면, 그 뒷수습은 다 내가 해야 하는데, 어떻게 상관이 없어? 엄마 말 안 듣고 네 마음대로 살 거면 고등학교 졸업하고 집 나가. 나가서 밥을 먹든 말든, 공부를 하든 말든 아주 그냥 네 마음대로 원 없이 살고, 엄마가 보호자인 동안에는 엄마가 놀지 말라는 애랑은 놀지 마. 범죄자들이 처음부터 이상했던 것 같아? 아니야, 다들 친구 잘못 만나서 그 꼴 난 거야."

YES 이렇게 말해보세요

"엄마가 누구랑 놀고, 놀지 말라는 게 아닌 건 알지? 인생을 살다보면 생각보다 친구의 영향을 크게 받아. 그래서 이왕이면 배울 점이 많은 친구, 나에게 힘이 되는 친구, 사랑을 많이 받아서 표현도 잘하는 친구를 만나면 나도 그런 사람이 될 가능성이 커지거든."

아들에게 지금 필요한 건?

부모가 아이의 친구 문제에 관해 강요할 수 없다는 사실을 전제로 한 대화를 해주세요. 그것만 인정해도 아들은 성질이 좀 수그러든 상태에서 나머지 대화를 이어갈 수 있어요. 부모가 친구에 관해 얘기하고 개입하려는 이유는 사람의 인생이 친구의 영향을 많이 받는다는 사실 때문이라는 점도 알려주세요. 명백한 사실이지만, 아이는 아직 깨닫지 못하고 있는 나이니까요.

어떤 마음에서 이런 말을 하는 건지도 진심을 담아 아들에게 말해주세요. 부모가 얼마나 자식을 아끼고 사랑하고 위하는지는 아무리 사춘기 아이라도 듣고 싶어 하고, 좋아합니다. 다만, 그 표현이 이전 같지 않아, 부모도 중단했을 뿐이지요.

그리고, 당장 아들의 친구 관계에 개입하여 반발심을 크게 만들기보다는 좋은 친구, 불량하지 않은 친구와 친하게 지내는 것의 이로움과 편안함에 관한 메시지를 지속해서 전하는 것을 추천합니다.

33

"나 원래부터 인기 없었어"

과거의 경험을 현재로 대입해 부정적으로 바라보는 아들

> ✔️ **이 대화를 통해 아들이 갖게 될 힘**
>
> 자아 존중감, 자기 효능감, 회복탄력성

 **부모의 속마음**

'덩치도 작고, 눈물도 많고, 소심한 성격의 아들은 초등학교 때부터 줄곧 인기가 없었다. 인기 많은 애들을 매일 부러워했다. 그래서 운동도 시키고, 발표 연습도 하고, 공부에서 뒤처지지 않으려고 학원도 많이 보냈는데, 아이는

여전히 별로 달라진 게 없다. 사춘기에 접어들고 머리는 안 잘라서 덥수룩하고, 여드름이 많이 생겨 고개를 숙이고 다니며 영 자신감이 없어 보인다. 아무리 위로를 해도 듣지 않는다. 계속 인기가 없었고, 그럴 것 같다고 말하는 아이를 보면 마음이 너무 아프다.'

 아들의 속마음

  '나는 왜 인기가 없을까. 예전부터 없었고, 지금도 없다. 반장 선거에 몇 번 나가봤지만 한 번도 다섯 표 이상 받은 적이 없고, 원하는 사람끼리 모둠 정할 때도 친구들은 나를 뽑지 않는다. 덩치가 작고 운동을 잘 못해서 그런가? 목소리가 작아서 그런 건가? 싸움을 잘 못해서 그럴 수도 있다. 어쨌든 나는 원래부터 인기가 없었고, 지금도 없고, 앞으로도 딱히 없을 것 같다. 이건 내가 뭐 어떻게 바꿀 수 없는 건데, 엄마, 아빠는 자꾸 물어보고 신경 쓴다. 신경 꺼주면 좋겠다.'

아들 : "나 원래부터 인기 없었어."

NO 이 말은 참으세요

"그러니까 엄마가 밥도 좀 더 잘 챙겨 먹고 운동도 열심히 해야 한다고 얼마나 많이 얘기했어? 남자는 무조건 체격이랑 운동 실력이잖아. 운동 못하는 남자는 남자애들도 안 좋아하고, 여자애들도 안 좋아해. 인기 없다고 속상해해서 운동이라는 운동은 다 다니게 해주고, 공부 못해서 힘들까 봐 수학학원, 영어학원 안 다닌 데가 없는데 왜 아직도 이렇게 자신감도 없고, 풀 죽어서 다니는지 속상해 죽겠어, 아주 그냥."

YES 이렇게 말해보세요

"인기 많은 친구들 보고 있으면 부럽지? 우리 아들 배드민턴 잘 치잖아. 같이 칠 만한 친구들 있으면 배드민턴장에 태워다 줄게. 운동하고 밥 먹고 그러다 보면 친해지고 그러더라. 언제든 필요하면 말해."

아들에게 지금 필요한 건?

자신감 없이 축 처져 있는 아들을 보면 부모의 어깨도 처집니다. 인기는 노력한다고 얻어지는 게 아니다 보니, 부모가 돕고 싶어도 조금의 도움도 되지 못하는 영역이기도 해서 더욱 안타깝습니다. 아이가 무슨 죄냐 싶어 눈물도 나죠. 또, '저러니까 인기가 없지'라는 생각이 들게 만드는 행동을 보면, 속상한 마음에 되레 큰 소리로 지적하게 되기도 합니다.

인기를 갈망하는 아이에게 인기란 의미 없고 필요 없다는 조언은 반감만 줍니다. 아들 입장에서 그런 얘기를 들으면 내 마음을 이해하지 못하는 부모 때문에 더욱 외로움을 느끼기도 하고요. 그래서 인기를 얻을 수 있을 만한 방법을 함께 고민해주는 부모가 필요해요. 운동, 게임, 취미생활 등 친구에게 호감을 줄 만한 아이의 모습을 찾아주고, 제안해주고, 아들이 미처 발견하지 못한 장점을 찾아 얘기해주는 것으로 스스로 친구 관계에 관한 희망을 품도록 도와주세요.

친구 관계처럼 뜻대로 되지 않는 일이 또 있을까요? 물론 이런 여러 방법이 실제로 대단한 도움이 되지 못

할 가능성이 높아요. 하지만 그렇다고 포기하고 있을
순 없지요. 뭐라도 한 번 더 시도해볼 용기가 생기도록
아들의 멋진 모습을 찾아내어 말로 표현해주세요.

• • •

행복의 문이 하나 닫히면 다른 문이 열린다.
그러나 우리는 종종 닫힌 문을 멍하니 바라보다가
우리를 향해 열린 문을 보지 못하게 된다.

_ 헬렌 켈러

• 6장 •

장래 희망

부모 마음에 흡족한 장래 희망을 들고 와 예쁘게 웃던 아들은 이제 없습니다. 부모의 눈에는 성공하기 어려워 보이거나 이해되지 않는 별 희한한 직업을 말하며 공부를 열심히 안 해도 돈을 많이 벌 수 있을 거라는 말을 하기 시작할 거예요. 어쩔 땐 내 아들의 마음을 이해하기 어렵지만, 모든 것은 과정이고 경험이라는 사실만 기억해주세요.

아이가 툭툭 던지는 진로에 관한 이야기에 때마다 지적하고 훈계하지 마세요. 어른이 되어 무엇을 하고 어떤 모습으로 살아가게 될지, 어떻게 해야 성공하고 돈을 많이 벌 수 있을지 가장 막막하고 혼란스러운 당사자는 아들 본인임을 잊지 않는 부모가 되어봅시다.

34

"되고 싶은 거? 딱히 없는데"

뚜렷하고 구체적인 목표가 없어 방황하는 아들

> **이 대화를 통해 아들이 갖게 될 힘**
> 자아 존중감, 자기 효능감, 회복탄력성

 부모의 속마음

'초등학교 때는 설레며 키워오던 꿈에 들떴던 아이가 이
제 자기는 꿈이 없다고 한탄한다. 다른 친구들은 다 꿈이
있는데 자기만 꿈이 없어 한심하다고 얘길 하는데 듣고 솔
직히 놀라지 않을 수 없었다. 아직 성인이 되기까지 시간

이 꽤 남았기에 전혀 문제 될 게 없다고 생각했는데, 아이의 반응은 생각보다 심각하다. 지금 할 수 있는 일에 최선을 다하며 차근차근 여러 경험을 통해 꿈을 찾으면 될 텐데 왜 저렇게 조급한 걸까? 한창 예민한 아들에게 어떻게 얘기해야 잔소리로 들리지 않고 좋은 답을 제시해 줄 수 있을지 걱정되어 무거운 숙제를 받아 든 기분이다.'

 아들의 속마음

'난 왜 꿈이 없을까? 이런 내가 뭔가 잘못된 게 아닐까? 공부를 잘해야 꿈을 이룰 수 있을 거로 생각했는데 성적과 상관없이 이미 자기만의 꿈을 가지고 노력하는 친구들이 부럽다. 예고를 가기 위해 미술학원에 다니고, 웹툰 작가를 꿈꾸고, 댄스학원을 매일같이 다니고, 노래를 너무 잘해서 가수라 해도 손색이 없는 친구도 있는데 난 뭐 하나 뛰어나게 잘하는 게 없다. 이런 내가 나중에 무얼 할 수 있을까? 좋은 대학은 갈 수 있을까? 엄마, 아빠의 기대에 부응할 수는 있을까? 나에게도 뛰어나게 잘하는 게 있다면 좋을 텐데. 내 꿈도 모르는 내가 한심하다.'

아들 : "되고 싶은 거? 딱히 없는데."

NO 이 말은 참으세요

"너는 어떻게 된 애가 꿈도 없어? 공부를 못해도 꿈은 하나 있어야지. 다들 의사 되고 싶다, 과학자가 되겠다 난리던데, 돈 드는 것도 아닌데 꿈 하나 정하지를 못해서 그걸 고민해? 얼른 하나 정해버려. 괜히 그런 거에 시간 낭비하지 말고. 꿈이 뭐 대수라고 그렇게 심각하게 생각해. 쓸데없는 걱정하지 말고 꿈 타령할 시간에 공부나 좀 더 해."

YES 이렇게 말해보세요

"우리 아들이 벌써 진로에 대한 고민을 시작했다는 게 무척 대견하네! 이런 고민이 들 때는 당장 해결하고 싶은 문제가 있는지, 난 무얼 할 때 가장 즐거워하는지 생각해보면 도움이 된다고 하더라."

아들에게 지금 필요한 건?

사춘기에 접어든 아이들에게서 쉽게 들을 수 있는 이야기 중 하나인 '꿈'이라는 주제는 엄마가 느끼는 것보다 아이에겐 충분히 심각할 수 있는 주제랍니다. 막연히 꿈을 직업과 연결해 생각하는 엄마와 자신이 잘하는 일에 집중하는 사춘기 아들과의 생각 차이가 크기 때문이겠지요. 아이에게 위로가 될 이야기를 열정적으로 쏟아내지만 돌아오는 반응은 그에 미치지 않습니다. 부모로서는 정답 같은 정보들이 아들에게는 꼰대로 비치기 쉽기 때문입니다. 아이가 이런 말을 한다는 건 꿈을 가지고 싶다는 의지를 표현하는 거랍니다. 이럴 때일수록 아들의 마음과 이야기에 집중해주세요.

아이가 꿈에 관한 대화를 시작하면 부모는 어떻게 반응하나요? 대부분 부모는 아이의 꿈을 직업과 연결 짓는 것을 당연하게 생각해요. 하지만 어른이 살아온 시간과 경험과 깊이만큼 아이도 그 직업을 대번에 이해할 수 있을까요? 그냥 건축물이 좋다는 아들의 이야기에 부모가 '건축가'가 되면 좋겠다고 대답했고, 그렇게 아이의 꿈이 '건축가'가 되었다는 생각은 왜 하지 못할까요?

아이가 사람들이 아플 때 도와주고 싶다고 얘기했을 뿐인데, "아, 너는 의사가 되고 싶구나."라고 단정 지었던 순간들을 우리는 반성해야 합니다. 내 마음대로 꾼 꿈을 아들에게 그대로 전가하며, 너는 의사가 되기 위해 더 공부해야 한다고 몰아세우고 성취도가 낮은 아이를 향해 "너는 네 꿈에 대한 책임감이 없다."라며 손가락질하는 일은 그만둬야 할 때입니다. 아이 스스로 마음을 들여다보길 진정으로 원한다면 재촉하지 마세요. 무언가를 단정 지어 이것 아니면 저것이라는 생각을 버리고 아이 말에 귀 기울여 주세요.

아들에게는 자신이 느끼는 불안감을 해소해줄 답이 필요해요. 아주 정확한 답을 요구하는 게 아니라, 지금 꿈이 없다는 것이 잘못된 게 아니라는 위로가 필요해요. 우리가 어렸을 때를 떠올려 봐요. 꿈을 선택하고 제대로 정의하기란 쉽지 않습니다.

아이가 제대로 된 자신의 마음을 들여다보길 진정으로 원한다면 재촉하지 말고 아이의 관심사가 무엇인지, 당장 무슨 문제를 해결하고 싶은지 질문해보세요. '나는 꿈이 없어 못난 사람이야.'라는 부정적인 감정에서 자신이 잘하는 건 무엇인지 생각해 볼 수 있는 질문으로 전환 시켜주는 것이지요. 꿈에 대해 고민하는 것은 무척이나 자연스럽고, 그런 고민을 하는 나 자신이 꽤 멋진 사람이라는 걸 인지하는 과정만으로도 충분히 아들의 마음은 단단해질 것입니다.

35

"유튜버 되면 돈 많이 벌잖아"

진로 선택의 기준이 오직 돈인 아들

> ✔ **이 대화를 통해 아들이 갖게 될 힘**
> 책임감, 판단력, 계획성

 **부모의 속마음**

'강아지와 관련된 직업을 갖겠다고 하던 애가 불쑥 유튜버가 되겠다고 한다. 이유를 물어보니 유튜버를 해서 돈을 많이 벌고 싶단다. 돈만 많이 벌면 최고라면서 유튜브만 열심히 본다. 열심히 봐야 채널 운영에 도움이 된다는 엉

뚱한 소리를 한다. 언제부터 저렇게 돈을 좋아하는 아이가 되었을까. 돈만 많으면 최고라고 말하며 웃는 아들을 보니, 교육을 제대로 못한 내 탓인 것만 같아 자책하게 된다.'

 아들의 속마음

'돈을 많이 벌고 싶다. 뭘 하고 싶은지는 정확하게 모르겠지만 돈을 많이 버는 게 내 목표다. 돈만 많으면 내가 하고 싶은 일을 다 하면서 살 수 있기 때문이다. 요즘은 연예인, 유튜버, 의사가 돈을 많이 번다고 하는데, 그걸 할 수 있는 방법을 좀 알아봐야겠다. 강아지를 좋아해서 예전에는 강아지 조련사가 되고 싶었는데, 알아보니까 그 일은 돈을 많이 못 번다고 한다. 그렇다면 안 하고 싶다.'

아들 : "유튜버 되면 돈 많이 벌잖아."

NO 이 말은 참으세요

"너는 돈밖에 모르냐? 아직 어린 게 벌써 그렇게 돈만 밝히면 나중에 커서 뭐가 되려고 그래? 돈만 좇는다고 돈이 나에게 오는 게 아니야. 돈이란 게 아무에게나 그렇게 턱 턱 벌리는 게 아니라고. 공부 열심히 해서 준비된 사람에 게만 기회가 오는 거라고. 유튜버 되고 싶다고 유튜브 백 날 봐봐라. 돈 벌 수 있나. 괜히 헛바람 들어서 엉뚱한 짓 하지 말고, 학생이니까 공부나 열심히 해."

YES 이렇게 말해보세요

"내가 좋아하고, 잘 할 수 있는 일을 하면서 이왕이면 돈 도 많이 벌고, 또 그 돈을 좋은 일에 활용하면 너무 멋진 삶 일 것 같아. 돈만 많으면 행복할 것 같은데, 또 그렇지도 않더라. 부자가 되는 것도 좋지만, 정말 아들이 좋아하는 일을 하면 더 좋겠어."

아들에게 지금 필요한 건?

뭐, 아들의 말이 틀린 것도 아니에요. 돈 많이 벌고 싶어 하는 건 부모도 같은 마음이고, 아이가 돈 많이 벌게 되길 바라기도 하고 말이죠. 우리나라의 대화 소재 중 금기어가 있대요. '돈과 섹스'요. 그것에 관해 자세하고 솔직하게 말하면 안 된대요. 이런 분위기가 가족 간의 대화에도 그대로 이어지는 것 같습니다. 그래서 돈 얘기가 나오면 부모는 갑자기 이중적인 사람이 되지요. 돈을 좋아하고, 한 푼이라도 더 벌고 싶어 하면서도 막상 아들의 꿈이 부자라고 하면 불안하고 부끄러워한답니다.

연봉을 고려하여 진로를 계획하는 아이에게 일단 칭찬을 보내세요. 손가락만 빨고 있을 수 없는 게 현실이고, 우리 아들들은 특별한 일이 없는 한 평생 가장으로 살아가게 될 거예요. 아들이 지금 보여주는 현실 감각, 돈에 관한 의욕은 인생 전체를 놓고 봤을 때 없어서는 안 될 소중한 부분이랍니다.

사춘기 아이들은 부모의 훈계보다 주변의 사례에 더 호의적입니다. '이렇게 해야 한다'는 직설적인 가르침보다 '이런 사람도 있더라' 하는 이야기가 훨씬 먹힙니다. 돈만 좇다가 불행해진 사람, 돈이 많아

서 많이 나누는 사람, 돈을 원했지만 뜻대로 되지 않은 사람, 많은 돈으로 좋은 일을 하는 사람 등 직업을 통해 돈을 많이 번 사람들의 다양한 사례를 알려주세요. 알아서 새겨들을 겁니다.

36

"그거 되기 엄청 힘들대. 안 할래"

실패와 좌절을 미리 겁먹고 노력을 포기하고 도망가려는 아들

> **이 대화를 통해 아들이 갖게 될 힘**
>
> 자기 효능감, 책임감, 계획성

 부모의 속마음

'컴퓨터 공학을 전공해서 개발자가 되겠다고 큰소리칠 때의 허세 부리는 모습은 밉지 않았는데, 스카이(서울대·고대·연대) 정도는 가야 한다는 말을 듣고, 아들은 그새 꿈을 포기해버렸다. 당연히 쉽지 않겠지만 될 때까지 노력할 생

각은 안 하고 힘들다는 말만 듣고 와서는 너무 쉽게 포기해버린다. 저 정도 근성으로 뭘 하겠나 싶다. 뭐, 애초에 악착 같은 면이 별로 없긴 했는데, 저렇게 쉽게 포기하고 열심히 할 생각은 안 하니 열심히 학원 등록해준 게 허무해진다.

 아들의 속마음

'사실은 개발자가 꼭 되고 싶다. 내가 꼭 개발하고 싶은 게임이 있는데, 게임을 만드는 개발자가 되어서 사회에도 도움이 되고, 높은 연봉도 받고, 내가 직접 게임 회사의 대표가 되고 싶기도 하다. 그런데, 어제 삼촌이랑 얘기하다가 삼촌 회사의 개발자에 관해 들었는데, 너무나 힘들어 보인다. 되기도 힘들고, 실제로 개발하는 과정에서 스트레스도 정말 많이 받는다고 한다. 서울대 컴퓨터 공학과 정도는 가줘야 경쟁력이 있다는데, 나는 아무래도 서울대는 어려울 것 같다. 그냥 그 꿈은 포기해야겠다.'

아들 : "그거 되기 엄청 힘들대. 안 할래."

NO 이 말은 참으세요

부모 : "야, 세상에 안 힘든 일이 어디 있어? 그럼 그건 뭐 아무 노력도 안 하고 거저 될 줄 알았어? 힘들어도 끝까지 노력해서 되도록 만들어야지, 이건 뭐 조금만 어려워 보이면 안 하겠다고 저렇게 나자빠지니 그런 식으로 살면 그거 아니라도 아무리 쉬운 일도 못 해. 정신 상태가 글러 먹어서는 뭘 해도 다 그 수준일 텐데, 그럴 거면 학원 그만 끊어. 괜히 아까운 돈만 낭비하지 말고."

YES 이렇게 말해보세요

부모 : "엄마는 그 얘기 들으면서 좀 멋지다는 생각도 들었어. 그렇게 되기까지 과정이 힘든 건 맞지만, 하고 싶은 일을 하면서 돈도 많이 벌고, 다른 사람들에게 도움이 되는 멋진 삶이잖아. 포기하기엔 좀 이른 거 같지 않아? 일단 좀 더 노력해보는 게 어떨까?"

아들에게 지금 필요한 건?

성적도 안 나오면서 서울대를 꿈꾸는 아이, 최고 인기인 컴퓨터 공학과를 목표로 하는 아이를 보면 '저래 가지고는 당연히 어렵겠지'라는 마음이 드는 게 솔직한 심정입니다.

그렇지만 부모가 기대하지 않는 것과 아들이 포기하는 건 조금 다른 문제입니다. 부모는 아이의 성적이 나오지 않을 것을 대비해 대안을 계획해야 하기 때문에 마냥 핑크빛 꿈만 꾸고 있을 수는 없어요. 그래도 아이는 끝까지 포기하지 않기를 바라는 마음이 들지요. 서울대를 목표로 공부해야 인서울이라도 갈 수 있는 치열한 입시 현실을 너무나도 잘 알기 때문이죠.

그래서 아들이 겁먹고 포기하겠다고 하면 그게 그렇게 서운해요. 지금껏 아이의 꿈을 위해 많은 것을 희생하고 함께 달려왔다고 생각했는데, 본인이 안 하겠다고 하면 어쩔 방법이 없으니 지금까지 해온 모든 것들이 수포가 되는 느낌이 들죠. 그래서 어떻게든 설득해서 처음의 꿈으로 돌아가게 만들고 싶지만 아들은 쉽게 돌아서지 않을 거예요.

이럴 땐 현실적인 조언이 약입니다. "그래, 솔직히 너무 좁은 문인 건 인정한다. 그런데 포기할 때 하더라도 지금은 하지 말자. 조금만 더 노력해보고 그래도 안 되면 그땐 쿨하게 포기하고 다른 방법을 찾아보자"인 거죠. 그런 '한 번 더'의 말은 시간이 어느 정도 흐르면 아이에게 다시 의욕을 솟게 하거나, 부모가 기대를 낮추거나 둘 중 하나 결판이 납니다. 이제 막 공부를 시작한 중학생 아들이기에 우리 조금 더 옆에서 기다려보아요.

37

"내가 잘하는 거? 딱히 없는데"

자신의 강점을 몰라 자신감이 사라진 아들

> **이 대화를 통해 아들이 갖게 될 힘**
>
> 자아 존중감, 자기 효능감, 회복탄력성

 부모의 속마음

'어렸을 땐 다 잘한다는 칭찬을 듣던 아들이었다. 공부
면 공부, 운동이면 운동, 악기면 악기, 인기도 많았고, 선생
님마다 좋아했다. 언제부터였을까, 아이가 점점 빛을 잃어
가는 느낌이다. 공부도, 운동도, 악기도 모두 애매한 수준

이다. 제대로 된 대회에서 상을 받아야 어디에 자랑이라도 할 텐데 그 정도 수준은 안 되니, 본인도 잘하는 게 없다고 생각하고 늘 자존감이 낮은 편이다. 이럴 줄 알았으면 학원 말고 과외 수업을 받아서 하나라도 제대로 장기를 만들어두는 게 나았을까. 적당히 하고 관둔 게 마음에 걸린다.'

 아들의 속마음

'나는 딱히 잘하는 게 없는 것 같다. 예전에는 운동을 잘한다고 생각했는데, 중학생이 되니 학교에 나보다 더 잘하는 애들도 많다. 초등학교 때는 시험을 보면 대부분 100점을 맞아서 공부를 잘하는 편이라고도 생각했는데, 중학생이 되니 그것도 아니다. 마치 천재처럼 공부 잘하는 애들이 너무 많아서 놀랐다. 진로를 정할 때 내가 잘하는 게 뭔지 생각해보라고 하는데, 그런 말을 들을 때마다 정말 모르겠다. 무언가를 자랑할 만큼 바로 딱 떠오르는 것이 없다. 정말 잘하는 게 하나도 없다.'

아들 : "내가 잘하는 거? 딱히 없는데."

NO 이 말은 참으세요

"아니, 네가 잘하는 게 왜 없어? 어렸을 때 수영시켜줘, 피아노 시켜줘, 글쓰기 학원도 보내줬는데 이제 와서 잘하는 게 없다고 하면 엄마는 뭐 하러 그 많은 돈을 학원에 갖다줬겠냐? 하긴, 뭐라도 하나 진득하게 한 게 있어야 잘한다고 할 만한 게 있는데, 조금만 힘들면 그만한다, 쉰다, 옮긴다고 하니까 지금 변변하게 하나 내세울 게 없는 거잖아. 지금 생각하니까 아주 돈 아까워 죽겠어. 괜히 시켰어. 그 돈으로 여행이나 다닐걸."

YES 이렇게 말해보세요

"우리 아들 잘하는 게 왜 없어, 우리 아들은 뭐 하나 빠지는 거 없이 골고루 잘하고, 골고루 다 열심히 성실하게 했어. 그래서 지금 우리 아들이 이렇게 멋지게 잘 크고 있잖아. 역시 다들 사람 보는 눈이 있다니까."

아들에게 지금 필요한 건?

'우쭈쭈의 시간'입니다. 아들은 칭찬을 덩어리째 흡수합니다. 과하다 싶을 만큼의 우쭈쭈로 치켜세워주세요. 사실 관계 여부는 중요하지 않습니다. 지금 우리가 살인 사건 수사하는 거 아니잖아요. 그냥 무조건 사실보다 과장하면서 아이가 어릴 적부터 해냈던 성취를 하나씩 하나씩 끄집어내어 어깨를 하늘보다 더 높이 솟아오르게 만들어주세요. 아무리 좋았던 기억도 시간이 지나면 흐릿해지게 마련이니 아들이 잊고 지냈던 '잘했던 일들'만 찾아봐 주세요.

'크게 될 놈'이라고 선언하세요. 이런 책까지 찾아보며 아들과의 관계를 위해 노력하는 부모가 키운 아들이 크게 되지 않으면 이상한 일 아닙니까. 저는 저희 두 아들을 무조건 크게 될 놈이라 생각하고 키웁니다. 크게 될 놈이라고 믿어도 크게 될까 말까 한 치열한 세상에 크게 될 놈이라 믿고, 정성스럽게 키워봅시다.

아들에게도 알려주세요. 너는 크게 될 놈이고, 그 사실을 믿어 의심치 않는다고요. 비록 지금 부모인 내 눈에도 아들이 딱히 잘하는 게 보이지 않더라도 말이에요.

아들의 사춘기, 고요해진 엄마

초등교사였던 나는 내 두 아들과의 티키타카에 누구보다 자신이 넘쳤다. 다들 괴롭다는 사춘기쯤은 거뜬히 헤쳐나갈 자신이 있었다. 사춘기가 뭐 별거라고 호들갑일까. 그러던 큰아들이 6학년에 들어서면서부터 중학교 3학년인 현재까지 사춘기라는 큰 파도를 넘는 중이다.

나는 눈에 띄게 말수가 줄었다. 조용해졌다. 고요해졌다. 이제 어지간한 일에는 놀라거나 굳이 말로 표현하지 않는 사람이 되었다. 여간해 입담에서 밀려본 일이 없는 사람인데 사춘기 아들 앞에서는 그 재잘거리던 입담이 해가 되었다. 엄마의 말이 많아지고 시끄러워질수록 아이들은 입을 닫았고, 도망치듯 방으로 들어가 버렸기 때문이다. 부드러운 말로 마음을 돌리려 애썼지만 소용없었다. 어쩔 수 없이 내가 입을 다물고 말수를 줄이자 슬금슬금 거실로 다시 나오기 시작하는 아들들을 보며 사춘기 아들 엄마의 미덕에 관해 깊이 깨닫게 되었다.

아들의 중학교 2학년은 내가 녀석에게 시시콜콜한 질문을 쏟아붓지 않기 위해 참고 참았던 시간이었다. 궁금한 게 정말 많은 사람, 궁금한 걸 못 참는 사람이 온통 궁금한 것들이 있어도 질문하지 않기 위한 노력을 했다면 그건 진짜 사랑이다. 쉽지 않은 시간이었다.

며칠을 고생하며 준비해간 수행평가가 있었던 날, 벌게진 얼굴로 집에 와 말없이 방으로 쑥 들어가 버린 아이에게 "왜 표정이 그러는지, 혹여 수행평가를 망친 건지" 묻지 않으려 새삼스레 다육식물 분갈이를 했고, 밤 11시가 다 되어 들어온 아들에게 "어디서 뭐 하다 온 거냐"고 심문하지 않기 위해 드라마를 정주행하거나 읽던 소설책을 뒤적거렸다.

아이 일에는 신경 쓰지 않고 아이 상황도 잘 모르는 무

관심한 엄마가 되려는 게 아니라, 아들 스스로 부모에게 다가와 말할 때, 웃으며 들어주는 엄마가 되고 싶었다.

결과는 해피엔딩이었다. 지난 1년 동안의 나는 부쩍 말수가 줄었고, 수도승 같은 삶에 적응해야 했다. 그렇지만, 그 어느 해보다 아들과 많은 대화를 나눌 수 있었다. '엄마가 들어주는구나', '듣고도 질책하지 않는구나' 하는 사실을 확인한 아들은 시끄러운 머릿속을 내 앞에 툭 꺼내고는 돌아가 하던 숙제를 하고, 하던 게임에 열중했다.

엄마인 내가 이끌고, 먼저 묻고, 마무리까지 하던 지금까지의 대화와는 너무나도 달랐지만 높은 파도 위의 아슬했던 우리는 지난 3년, 충분히 서로 깊었다.

엄마, 이은경

나는 매일 조금씩 성장했다!

남들이 말하는 '중2병', '사춘기'라 불리는 시기를 보냈다. 나 정도면 무난했다고 생각한다. 일단 가출을 안 했고, 크게 소리를 지르지 않았고, 대놓고 화를 낸 적도 없었으니까.

솔직히 '중2병'이나 '사춘기'라는 단어를 들을 때마다 모든 것을 너무 사춘기와 연결해서 말하는 게 억지스럽다고 느껴졌다. 일종의 '가스라이팅'이 아닐까 생각했다. 사춘기가 아니어도 충분히 할 수 있는 행동과 말, 생각인데 그런 것들을 어른들은 꼭 사춘기와 연결해서 생각하는 것 같아 기분이 좋지만은 않았다. 그리고 사춘기 보내는 당사자를 앞에 두고 "얘 사춘기네"라고 쉽게 단정 지어 말하는 건 사람을 앞에 두고 욕하는 것만 같았다.

그런데도 작년 한 해 동안 가장 뿌듯하다고 생각하는 건 농구를 정말 열심히 했다는 것이다. 특히 요즘 들어 몸싸움을 두려워하지 않게 되었고, 점프가 많이 좋아졌다. 키가 커져서 그런지 농구에서의 성장이 가장 두드러졌다. 학교에서 조별 수행평가를 할 때 발표 역할을 계속 맡아 했던 것과 전교생 앞에서 연설했던 일도 기억에 남는다. 1년 동안 친구 중 아무와도 얼굴을 붉히지 않았다. 닌텐도를 많이 했는데, NBA 게임에서 퀘스트를 모두 깬 것이 자랑스럽다.

반대로 학교 지필 평가와 수행평가를 따라가느라 정신이 없었다는 점이 가장 아쉬웠다. 그중에서도 중간·기말고사 끝나고 나서 너무 오랫동안 심하게 놀았던 것 같다. 중학교 3학년에는 시험 끝나고 노는 기간을 좀 줄여야겠다. 중학교 1학년 때는 반에서 사교적인 성격을 만들기 위해 일부러 노력했는데, 2학년 때는 원래의 차분하고 내성적인 성격으로 다시 돌아와 친구를 더 넓게 사귀지는 못했다.

부모님께 들었던 말 중에 좋았던 말은, 당연히 칭찬이 듣기 좋았는데, 그중에서도 "예상외다"라는 말이 가장 좋았다. 안 좋았던 말은 기억이 잘 안 나긴 하지만 "거 봐, 결국 이렇게 됐잖아. 내가 너 그럴 거라고 했지?"라는 말이다. 이미 경고했던 사실이라는 점을 들추면 기분이 좋지 않다. 그런데 좋았던 말이든 좋지 않았던 말이든 둘 다 지금은 기억이 잘 나지 않는다.

지난 시간을 뒤돌아보니 나는 매일 조금씩 성장했다. 얼굴이 매일 바뀌었고, 몸에 점점 근육이 붙어가는 느낌이 들었다. 나의 진로에 대해 진지하게 생각하기 시작했고, 자기 계발에도 관심이 생겼다. 어렸을 때 재미있다고 생각했던 학습만화 같은 것들이 시시하게 느껴지기도 했다. 사람의 다양한 유형에 관해 생각하기 시작했고, 심리학에도 관심이 생겼다. 세상에는 잘난 사람이 정말 많다는 사실을 알게 되면서 많이 겸손해졌다.

　마지막으로 나와 같은 사춘기를 보낼 동생들에게 해주고 싶은 말은 "받아들이라"는 것이다. 피할 길은 없으니 지나가기를 기다리면 좋겠다. 사춘기가 싫다고 부숴버릴 수는 없으니까. 사실 이렇게 말하지만 나도 내 사춘기가 끝났다고 생각하지는 않는다. 그래서 나중에 이 글을 보면 부끄러울 것 같다.

아들, 이규현

사춘기 아들의 마음을 잡아주는
부모의 말 공부

초판 1쇄 발행 2023년 4월 24일
초판 6쇄 발행 2024년 9월 9일

지은이 이은경
펴낸이 김선준

편집이사 서선행
편집2팀 배윤주, 유채원 **디자인** 엄재선, 김에은 **일러스트** 우민혜
마케팅팀 권두리, 이진규, 신동빈
홍보팀 조아란, 장태수, 이은정, 권희, 유준상, 박미정, 이건희, 박지훈
경영관리팀 송현주, 권송이, 정수연

펴낸곳 ㈜콘텐츠그룹 포레스트 **출판등록** 2021년 4월 16일 제2021-000079호
주소 서울시 영등포구 여의대로 108 파크원타워1 28층
전화 02) 332-5855 **팩스** 070) 4170-4865
홈페이지 www.forestbooks.co.kr
종이 월드페이퍼 **인쇄** 한영문화사

ISBN 979-11-92625-39-3 (03590)

㈜콘텐츠그룹 포레스트는 독자 여러분의 책에 관한 아이디어와 원고 투고를 기다리고 있습니다.
책 출간을 원하시는 분은 이메일 writer@forestbooks.co.kr로 간단한 개요와 취지, 연락처 등
을 보내주세요. '독자의 꿈이 이뤄지는 숲, 포레스트'에서 작가의 꿈을 이루세요.